Ulrich Schmid

Treffpunkt Tiere im Garten

beobachten, bestimmen und anlocken

Mit Fotos von
Hans und Nils Reinhard

KOSMOS

Gärten für Tiere

Der Garten – nirgends haben wir mehr Freiheit, zu gestalten und uns zu entfalten: Zeige mir Deinen Garten und ich sage dir, wer du bist. Vier Fünftel der Fläche von Städten und Dörfern sind nicht überbaut. Einen nicht geringen Teil dieser Freiflächen nehmen Hausgärten ein. Als buntes Mosaik oder grünes Netzwerk können sie große Bedeutung für Pflanzen und Tiere gewinnen: Naturschutz, der direkt vor der Haustür beginnt.

Der Garten – mehr als ein Biotop

Vielfalt der Lebensräume – das ist das Schlüsselwort für ein reichhaltiges Tierleben im Garten. Diese Gleichung ergibt sich aus einer einfachen biologischen Grundregel: Je eintöniger die Umwelt, desto geringer die Artenvielfalt. Also: Werfen Sie einen Blick in Ihren Garten, bevor Sie beginnen, Nisthilfen für Vögel und Insekten aufzuhängen!

Bunte Wildblumen bringen Leben.

Eine Welt im Kleinen

Ein Biotop ist, so jedenfalls definieren ihn die Biologen, ein Ort gleichartiger Lebensbedingungen, der von einer bestimmten Lebensgemeinschaft besiedelt wird: ein Buchenwald, eine Streuobstwiese, ein Eisenbahndamm, eine Rasenfläche, ja selbst ein Blumenkübel. Die meisten Gärten sind abwechslungsreich gestaltet und bestehen damit aus einem Mosaik verschiedener Biotope. Extreme sind auf der einen Seite manche geschniegelten Vorgärten, deren eintönige Rasenflächen mit der Nagelschere gepflegt zu sein scheinen, auf der anderen Seite völlig sich selbst überlassene Flächen, die in kurzer Zeit verwildern. Auch das geht meist auf Kosten der Vielfalt, weil sich dort rasch ein ziemlich einheitliches Pflanzenkleid ausbreitet. Gärten, selbst so genannte Naturgärten, sind also „künstliche" Lebensräume. Sie bedürfen der gestaltenden und pflegenden Hand, gilt es doch gerade in einem Garten, der möglichst viele Tierarten beherbergen soll, auf kleinem Raum eine fast „unnatürliche" Vielfalt zu bieten. Auch des Menschen Auge liebt die Abwechslung. Deshalb sind Gärten für Tiere auch Gärten für Menschen, wenn eine klug geplante Gestaltung im Hausgarten eine Welt im Kleinen entstehen lässt. Wobei Mensch und Tier aber auch eine gewisse Großzügigkeit brauchen. Teich und Steingarten, Hecke und Wiese passen nicht in zwanzig Quadratmeter Vorgarten. Und ein einziger Wiesensalbei genügt der Hummel nicht als Nahrung für einen ganzen Sommer. Wo moderne, verdichtete Bauweise keinen Raum lässt, hilft vielleicht nachbarschaftliche Arbeitsteilung: Du machst den Teich und ich die Wiese.

Wer einen grünen Rasenteppich liebt und von ihm nicht lassen will: kein Problem. Seinen Garten der heimischen Natur zu öffnen unterliegt keiner Alles-oder-nichts-Regel. Kleine Schritte – hier eine mit Wildem Wein begrünte Fassade, dort ein mit Mauerpfeffer und Hauswurz bedeckter Carport oder ein Holunder statt einer Konifere – führen auch in die richtige Richtung.

Aufgeräumt und eintönig – für Tiere ist hier nichts zu holen.

Blumenwiese statt Einheitsgrün

Wiesen sind rar geworden. Auch in der freien Landschaft sind sie zunehmend öden Grünflächen gewichen, die der Grasproduktion dienen. Zwei Gründe tragen wesentlich zur Verarmung bei: Weil Wiesen in immer kürzeren Abständen gemäht werden, haben die meisten Blumen keine Zeit, sich zu entwickeln und Samen zu bilden. Um die Produktion hoch zu halten, werden Wiesen gedüngt. Und, so paradox das klingt, das Überangebot an Nährstoffen trägt zur Verarmung bei. Es fördert nur wenige, an hohen Nährstoffgehalt angepasste Pflanzenarten, neben manchen Gräsern zum Beispiel den Löwenzahn oder Brennnesseln. Diese verdrängen andere Arten, die Spezialisten für das Überleben im Kargen sind. Fazit: Die bunte Vielfalt der Wiesen entsteht aus dem Mangel!

Die Wiese: farbig und lebendig

Der Rasen: eine grüne Wüste

Der Weg vom Rasen zur Blumenwiese muss also in die andere Richtung gehen: Seltenere Mahd und Verarmung an Nährstoffen. Das Erste ist kein Problem, das Zweite schon. Denn das Ausmagern überdüngter Böden kann viele Jahre dauern, in denen das Mähgut abtransportiert werden muss. Das ist einer der Gründe, warum die Naturwiese aus der Samentüte oft so schlecht funktioniert: Wo zu viele Nährstoffe im Boden sind, wird der Löwenzahn lange die Oberhand behalten. Wer schnellere Ergebnisse sehen will, muss radikaler vorgehen. Eines der bewährten Rezepte: Der gesamte Bewuchs wird entfernt und der (zu) nährstoffreiche Humus mit viel Sand vermengt und so „abgemagert“.

Wildblumenwiesen haben viele Vorteile: Sie sind schön, und sie verschonen uns vor der wöchentlichen Arbeit des Rasenmähens. Statt lärmender Motoren brummen Hummeln. Blumen bieten Lebensgrundlagen für viele Insekten. Nicht nur, weil viele sich von Nektar und Pollen ernähren. Als Larven sind zahlreiche Arten auch auf ganz bestimmte Pflanzen spezialisiert – das aparte Taubenschwänzchen (siehe S. 111) zum Beispiel auf das Labkraut.

Staudenbeete

Vor allem in kleinen Gärten (oder wenn nur ein Vorgärtchen da ist) erfreuen sich Staudenbeete großer Beliebtheit. Sie sind bunt, sie sind pflegeleicht, und die Auswahl in Baumärkten und Gartencentern scheint groß. Was soll man pflanzen? Ganz einfach: Nektar für alle – das ist die Devise bei der Gestaltung eines Staudenbeetes. Denn ein reiches und vielfältiges Angebot an Nektar- und Pollenquellen ist der Schlüssel für die Artenvielfalt im Beet. Dabei stellen einzelne Insekten ganz verschiedene Ansprüche. Manche Arten wie die Mauerbiene sind nur im Frühjahr unterwegs und deshalb auf Frühblüher wie die Traubenhyazinthe angewiesen. Andere fliegen spät und sind noch auf den letzten Astern zu sehen. Den „Allesfressern" stehen ausgesprochene Spezialisten gegenüber. Unter den Hunderten von heimischen Wildbienenarten gibt es viele, die nur bestimmte Blüten besuchen. Fliegen wie die Schwebfliege haben einen kurzen Rüssel und ziehen Blumen vor, die Nektar und Pollen offen anbieten. Auf Korbblütlern wie der Ringelblume oder Doldenblütlern wie dem Giersch (ein gefürchtetes „Un"-Kraut) oder der Petersilie werden sie fündig. Ihr Dank für gute Versorgung: Effektive Hilfe bei der Blattlausbekämpfung. Bienen mit ihrer langen Zunge besuchen gerne Lippenblütler wie den Salbei, Schmetterlinge können mit ihren Rüsseln ebenfalls verborgene Nektarquellen erschließen.
Wichtig ist also, darauf zu achten, dass von Frühjahr bis Herbst möglichst viele Blütenformen und -farben verfügbar sind. Ein weiterer Tipp: Pflanzen Sie, wenn möglich, heimische Arten. Ganz puristisch müssen wir dabei nicht sein. Die Kanadische Goldrute zum Beispiel wird im Herbst, wenn Blüten knapp werden, gerne von Insekten besucht. Zur Vermehrung aber kommen fast ausschließlich heimische Gewächse als Nahrungspflanze für Larven in Frage. Solche aber sind im Handel oft nicht einfach zu bekommen. Und wenn, kann es passieren, dass statt der wilden Sumpfdotterblume eine gefüllte Version geliefert wird, bei der die Staubblätter in Blütenblätter umgewandelt sind. Prächtig – aber leider gänzlich unattraktiv für Insekten.

Schmetterlinge brauchen Nektar – hier ein Kleiner Fuchs.

Bäume …

Ein richtiger Baum braucht so viel Platz, wie nur wenige Hausgärten bieten. Wer diesen Platz hat (und keinen Obstbaum pflanzen will): Wählen Sie eine Baumart aus, die in der Umgebung heimisch ist. Damit fallen allerdings die meisten Nadelbäume aus, die mangels herbstlichen Blattfalls als pflegeleichter gelten als Laubbäume. Tannen und Fichten haben ihre natürliche Verbreitung nur in den Hochlagen und verdanken ihre weite Verbreitung im Flachland eifrigen Förstern. Ein Maximum an Artenfülle garantiert zum Beispiel die Eiche. Auf ihr sind allein hunderte Arten heimisch, ganz überwiegend natürlich Insekten. Bereits ein einzelner Waldbaum bringt ein Stück Wald in den Garten. Dann nisten sogar Vögel wie der Buntspecht, die Rabenkrähe oder der Turmfalke zwischen den Häusern.

Blühender Weißdorn

Siebenschläfer schätzen Samen und Früchte.

… und Büsche

Büsche und Hecken sind eher dem Format eines Gartens angepasst. Sie dienen als Sichtschutz, brechen den Wind, spenden Schatten, bieten Nahrung, Deckung und Wohnraum. Gerade Letzteres zeigt, dass man hier vom Prinzip – Arten gebietsfremder Herkunft sind im Naturgarten eigentlich verpönt – auch mal abweichen kann. Dichte Koniferen wie Thuja und Wacholder sind nämlich bevorzugte Brutplätze mancher Vogelarten wie des Grünfinken oder des Hänflings. Als Frühbrüter beginnen sie mit dem Nestbau, bevor andere Büsche dicht beblättert sind. Deshalb bevorzugen sie Koniferen, die gute Deckung und damit Schutz bieten. Nicht nur vor Menschen, sondern auch vor Katzen (die ungern in stachlige Wacholder klettern) und vor Elstern (die leicht sichtbare Nester gerne ausräumen). Aber auch hier gilt: Maß halten. Schließlich brauchen auch Grünfinken nicht nur Wohnraum, sondern auch Nahrung und nichts ist steriler als ein von exotischen Nadelgehölzen dominierter Garten.

Grüne Fassade

Kletterpflanzen bieten eine hervorragende Möglichkeit, glatte Hausmauern oder Garagenwände in lebende Teppiche umzuwandeln. Zwei Pflanzengattungen bieten sich an, will man auf die Installation von Aufstiegshilfen für die Kletterer verzichten: Sowohl der Wilde Wein (verschiedene Arten von *Parthenocissus*) als auch Efeu (*Hedera helix*) halten sich selbst an Mauern fest – ohne in dieselben einzudringen und sie dadurch zu zerstören. Lediglich wenn Mauern sehr feucht sind oder ein dünner, bereits schadhafter Putz ansteht, sollte man auf die Begrünung mit Efeu verzichten, dessen Haftwurzeln dann Probleme verursachen können. Ansonsten ist Efeu allen anderen vorzuziehen: Die heimische Pflanze ist immergrün, schützt das Haus damit auch im Winter und dient auch in der kalten Jahreszeit zahlreichen Tieren als Versteck. Efeu blüht erst spät im Herbst (bis Anfang November) und ist dann eine der letzten Nektarquellen. Vor allem Bienen und Schwebfliegen, aber auch Wespen, Hummeln und Schmetterlinge nutzen ihn dann in großer Zahl. Im Frühjahr werden die (für Menschen giftigen) Beeren gern von Vögeln gefressen. Der Wilde Wein stammt dagegen aus Nordamerika. Er überzeugt vor allem durch seine intensiv rote Herbstfärbung. Außerdem wächst er sehr schnell und schafft es, hässliche Mauern bereits innerhalb weniger Jahre verschwinden zu lassen. Zwar fallen im Winter die Blätter; aber auch das Filigran der Sprosse zeichnet dann noch attraktive Muster. Grüne Fassaden dienen Amseln, Grünfinken, Grauschnäppern, Zaunkönigen und Haussperlingen als Nistplatz und wimmeln von Spinnen, die wiederum Netze spannen oder auf Jagd gehen, um Insekten zu fangen. Dutzende von Käfer- und Wanzenarten können eine einzige Hauswand beleben. Auch wer Spinnen unheimlich findet, kann seine Fenster ruhig öffnen. Die Krabbler bleiben lieber im dichten Dschungel des grünen Fassadenkletterers.
Bei problematischen Oberflächen lassen sich Ranker, Schlinger oder Spreizklimmer einsetzen. Beispiele sind Jelängerjelieber, Glyzinien oder verschiedene *Clematis*-Arten. Sie alle benötigen jedoch Kletterhilfen.

Reichlich Verstecke: Wilder Wein (rechts), Efeu (oben)

Lebendige Dächer

Flache Dächer, früher einfach abgedichtet und allenfalls mit einer dünnen Kiesschicht bedeckt, auf der sich erst nach Jahren ganz allmählich ein spärlicher Moosbewuchs entwickelte, bieten vielfältige Möglichkeiten, der Natur etwas zurückzugeben. Es muss ja nicht gleich das ganze Hausdach sein (was bis zu einer Dachneigung von 45 Grad auch möglich ist). Wer eine Fertiggarage oder einen Carport plant, sollte aber auf jeden Fall begrünen. Bei Altbauten ist eine Prüfung der Statik nötig, denn ein Kiesbett von wenigstens zehn Zentimeter Mächtigkeit über der Wurzelschutzfolie ist natürlich schwerer als eine konventionelle Flachdachkonstruktion.

Das Leben auf Dächern kann schwierig sein: wenig Nährstoffe in den (Kies-)Schüttungen, extreme Trockenheit, wenn lange kein Regen fällt. Im Winter Frost bis zu den Wurzeln, zum Ausgleich dann hohe Sommertemperaturen, denn Schatten gibt's meist keinen. Hier gedeihen Pflanzen, die an feuchteren und nährstoffreicheren Standorten in der Kulturlandschaft oft das Nachsehen haben. Kiesdächer werden damit teilweise zum Ersatz für die aus der

Zu schade für Dachpappe und Wellblech

Buntes Mosaik auf kargem Grund

Landschaft verschwindenden Trockenstandorte. Zunächst siedeln sich Moose wie das Hornzahnmoos, das Silberbirnmoos und die Graue Zackenmütze an. Später kommen Blütenpflanzen dazu: Mauerpfeffer und Hauswurz in verschiedenen Arten, Habichtskräuter, Dachpippau, Thymian, Platthalm-Rispengras sind typisch. Manche, insbesondere solche mit fliegenden Samen, keimen spontan, bei anderen empfiehlt sich, nachzuhelfen. Schließlich kann eine Dachfläche Dutzende von Pflanzenarten beherbergen, samt der entsprechenden Fauna. Vor allem flugtüchtige Arten besiedeln die Fläche schnell. Spinnen und Insekten überwiegen. Erstere können zwar nicht selbst fliegen, bedienen sich aber als Jungtiere eines langen Spinnfadens als Flugzeug – wir kennen das vom „Altweibersommer". Unter den Insekten sind vor allem die Käfer artenstark vertreten. Auf größeren Flachdächern suchen Bachstelzen gerne nach Nahrung; manchmal brüten hier sogar Vögel wie die „Ödland" liebende Haubenlerche oder selbst der Flussregenpfeifer, der eigentlich auf Kiesbänken zuhause ist.

Auch ein Balkon ist nicht zu klein

Selbst ein Balkon einer Hochhauswohnung bietet Möglichkeiten, heimischen Wildtieren zu helfen. Blumenkästen signalisieren Nektar suchenden Schwebfliegen oder Schmetterlingen schon von weitem eine „Tankstelle". Flugtüchtige Arten wie das Taubenschwänzchen (siehe S. 111) nutzen das gerne. Um sie nicht zu enttäuschen, sollten wir auf den üblichen Geranien- oder Petunienschmuck allerdings verzichten: viel Farbe, wenig Nektar. Was aber statt dessen? Nach Möglichkeit heimische Wildpflanzen, von denen natürlich vor allem niedrige Formen geeignet sind, zum Beispiel kleine Arten von Storchschnabel, Glockenblumen, Margeriten, Alant, Astern oder Leinkraut. Durchaus lässt sich auch das Angenehme mit dem Nützlichen verbinden. Die Blüten vieler unserer Küchenkräuter werden von Insekten gerne besucht. Sie fliegen auf Zitronenmelisse, Oregano, Salbei, Thymian, Lavendel und Boretsch ebenso wie auf Schnittlauch. Attraktiv ist auch ein Pflanzkübel mit an Trockenheit angepassten Pflanzen wie Fetthenne, Mauerpfeffer oder Hauswurz, die es auch nicht übel nehmen, wenn das Gießen mal vergessen wird. Vollends zur Laube verwandeln kann man den Balkon mit rankenden Kletterpflanzen, von denen besonders das Geißblatt mit seinen wohlriechenden Blüten geeignet ist.

Solche blütenreichen Balkone werden alsbald zur Heimstatt vieler Insekten, vom Ohrwurm angefangen, der den Tag unterm Blumentopf verbringt und nachts auf Blattlausjagd geht. In südexponierten Lagen werden Nisthilfen für Wildbienen dankbar angenommen, vorausgesetzt, die Umgebung bietet geeignete Nahrungspflanzen (wofür wir sorgen können). Und schließlich werden Amseln auf kleinen Vorsprüngen Nester bauen, oder Hausrotschwänze und Grauschnäppern einen eigens aufgehängten Halbhöhlenkästen nutzen. An Hochhäusern kann es sogar passieren, dass ein Turmfalke im Balkonkasten brütet.

Oasen für Mensch und Tier: bepflanzte Balkone

Wasser ist Leben

Wasser übt eine geradezu magische Anziehungskraft aus, nicht nur auf urlaubende Menschen. Alle Tiere brauchen es, wenn nicht als Lebensraum, so doch als Lebensmittel. Zwar decken viele Arten einen großen Teil ihres Flüssigkeitsbedarfs aus der Nahrung, trotzdem ist Trinkwasser wenigstens an heißen Tagen oder in längeren Trockenperioden sehr begehrt. Am Rand eines Gewässers liegend lässt sich das gut beobachten: Immer wieder landen Vögel, um zu trinken (was sie gerne mit einem kleinen Bad verbinden). Schwalben und Mauersegler erfrischen sich im Flug (ohne auf das Bad zu verzichten, zu dem sie kurz eintauchen können). Bienen saugen Wasser im nassen Moos des Teichrandes. Wieder und wieder landet eine der langbeinigen Feldwespen und trinkt. Wenig später verschwindet sie, immer in dieselbe Richtung – ein winziger Punkt am Himmel, der belegt, dass Teiche selbst von kleinen Tieren auch über größere Distanzen gezielt aufgesucht werden. Wasser im Garten entfaltet Fernwirkung. Warum gerade die Feldwespen so häufig erscheinen? Ihre kleinen gestielten Waben sitzen ohne schützende Hülle offen an Pflanzen oder Steinen. Bei Hitze müssen sie gekühlt werden. Dazu werden sie mit Wasser benetzt. Mit den Flügeln schwirrend beschleunigt die Wespe dessen Verdunstung und damit die Abkühlung der Brut.

Große Teiche brauchen Platz. Und der ist in vielen Gärten knapp. Moderne Stadtplanung verzichtet oft auf großzügige Hausgärten (nicht ohne Grund, denn allzu üppig bemessene Grundstücke fördern das wuchernde Ausgreifen der Siedlungen in die freie Landschaft). Trotzdem lassen sich auch auf kleinem Raum erfrischende Angebote machen. Das Mindeste ist ein Vogelbad, das regelmäßig mit frischem Wasser gefüllt wird. Wobei an heißen Tagen tatsächlich mehrmals nachgefüllt werden

Wenig Raum? Hanglage? Fertigteiche ermöglichen fantasievolle Lösungen.

Naturnah gestaltete Teiche (und Frösche) benötigen viel Platz.

muss, denn wo ein Vogel intensiv badet, bleibt nachher oft wenig Wasser in der Wanne. Kaum mehr Platz braucht ein „Minitümpel", eine frei stehende oder eingegrabene Mörtelwanne aus Plastik, rund oder viereckig für wenig Geld im nächsten Baumarkt erhältlich. Auf diese Weise lässt sich Wasser selbst auf den Balkon holen, ob als offene Wasserfläche oder als Sumpfbeet. Gefüllt und nachgefüllt wird hier nach Möglichkeit mit Regenwasser; zum Start empfiehlt sich eine „Impfung" mit einer Flasche Original-Tümpelwasser aus der näheren Umgebung, um gleich für den richtigen Besatz mit Mikroorganismen und Plankton zu sorgen. Andere Tiere finden solche Kleinstgewässer selbst. Darunter leider auch die Stechmücken, für viele Gartenbesitzer *das* Argument gegen offenes Wasser im Garten. Wir setzen auf biologische Bekämpfung. Schon Teiche im Kübel bieten nämlich auch Jägern eine Heimstatt: Libellenlarven lauern unter Wasser auf Larven und Puppen, Wasserläufer patrouillieren über den Wasserspiegel und erbeuten viele Stechmücken im Augenblick des Schlüpfens. Anders sieht es übrigens in Regentonnen aus, die oft wahre Brutstätten für Stechmücken sind, weil hier keine natürlichen Gegenspieler leben. Also: Regentonnen lieber gut abdecken. Die nächste Stufe auf der Größenskala der Gartengewässer sind aus festen, in die Erde eingegrabenen Formschalen bestehende Teiche oder Folienteiche. Erstere gibt es mit einem Wasservolumen von wenigen Dutzend bis mehreren tausend Litern, bei letzteren sind den Formen und Dimensionen weniger enge Grenzen gesetzt. Hat man den Platz, lassen sie sich sogar als Schwimmteiche gestalten und bieten dann Mensch und Tier Erfrischung.

Tieren richtig helfen

Mit einfachen Mitteln können wir den Garten so gestalten, dass viele Tiere davon profitieren. Spezielle Angebote helfen Arten, die in der Kulturlandschaft nicht genug Brutgelegenheiten und Ruhequartiere finden. Mit wenig Aufwand und etwas handwerklichem Geschick lässt sich Abhilfe schaffen.

Wohnungen für Ohrwürmer...

Nistkästen und mehr

Dass Natur Schutz braucht, ist eine ziemlich junge Erkenntnis. Der Vogelschutz war es, der diesen Gedanken vor etwa hundert Jahren populär werden ließ. Den Vögeln – meist bunt, sangesfreudig und tagaktiv – gilt auch heute noch unsere besondere Sympathie. Darüber hinaus unterfütterten die Naturschützer ihr Anliegen auch mit ökonomischen Argumenten, indem sie die Rolle der Singvögel als Helfer im Kampf gegen schädliche Insekten herausstrichen. So beflügelt entfaltete der aktive Naturschutz Breitenwirkung. Sein allgegenwärtiger Ausdruck: Überall wurden Nistkästen entwickelt, erprobt, aufgehängt. Der Bau von Nistkästen für Höhlen- und Halbhöhlenbrüter hat also eine lange Tradition. Andere Tierarten erhielten das ihnen zustehende Interesse erst viel später. Der erschreckende Rückgang der Fledermäuse geht nicht zuletzt auf einen zunehmenden Mangel an geeigneten Ruhequartieren zurück. Hier lassen sich wenigstens für einige Arten Angebote schaffen (siehe S. 28). Und endlich wird auch an die Insekten gedacht, wegen einiger lästiger oder Pflanzen schädigender Arten in der breiten Öffentlichkeit bis heute oft pauschal verdammt. Eine Vorreiterrolle beim Insektenschutz spielten die Wildbienen. Mit einfachen Mitteln kann man manchen Arten ebenso gezielt wie effektiv helfen und gleichzeitig spannende Beobachtungen machen (siehe S. 34).

Besondere Nachhaltigkeit erreichen wir, wenn wir gezielte Hilfen für einzelne Tiergruppen durch eine naturgerechte Gestaltung des Gartens begleiten. Wasserstellen oder Teiche (siehe S. 39), zugängliche Komposthäufen (siehe S. 42) und ein – in Grenzen – offenes Haus (siehe S. 50) sind dabei ebenso wichtig wie die richtige Pflanzenauswahl (siehe S. 52–65). Gut gemeinte Hilfe kann auch falsch sein. Eines der bekanntesten Beispiele: die oftmals übertriebene und unnötige Winterfütterung für Vögel. Baupläne für Futterhäuser sucht man in diesem Buch deshalb vergeblich.

... und für Igel

Frisch ausgeflogen: junge Kohlmeisen

Nistkästen für Höhlenbrüter

Viele Vogelarten brüten gut geschützt in Baumhöhlen. Natürliche Wälder bieten genügend Wohnungen. Einen Teil stellen Spechte ihren „Nachmietern" zur Verfügung, andere entstehen, wenn Bäume in Ruhe altern, Äste absterben, Stämme ausfaulen. Wo Bäume vor diesem Reifestadium gefällt werden – und das ist im Nutzwald der Normalfall – werden Höhlen knapp. Das gilt noch stärker für Hausgärten. Wohnungsbau ist dort also dringend nötig. Bevorzugte Bewohner von Nistkästen im Garten sind Meisen. Deren häufigste ist die Kohlmeise (siehe S. 87), gleichzeitig die größte Meisenart. Um den beim Streit um eine Bruthöhle oft unterlegenen zierlichen Blaumeisen (siehe S. 87) eine Chance zu geben, bieten wir auch Kästen mit kleineren Einfluglöchern an (28 statt 32 mm). Der Kleiber (siehe S. 88) sorgt selbst dafür, dass Größere keinen Zutritt haben. Er verengt zu große Einfluglöcher mit feuchtem Lehm, der beim Trocknen steinhart wird. Der Gartenrotschwanz (siehe S. 84) schätzt längliche Eingänge, und um Stare (siehe S. 90) anzusiedeln, sollte außer dem Einflugloch auch der ganze Kasten etwas größer sein. Stare brüten gerne in Kolonien, Starenkästen lassen sich deshalb dicht an dicht hängen. Ansonsten teilen sich Vögel die Welt zur Brutzeit in Reviere auf, die sich nicht überschneiden. Deshalb ist nur in großen Gärten Raum für zwei oder mehr Paare der gleichen Art. Bieten wir mehr Nistkästen an, bleiben sie oft ungenutzt. Nutzlos müssen sie deshalb aber nicht sein. Ein größeres Angebot ermöglicht Vögeln nämlich eine Auswahl. Schließlich wissen Vögel besser als wir, was gut für sie ist. Was wir dabei beachten müssen: Eine stabile Aufhängung, leichte Beschattung, eine der Wetterseite abgewandte Orientierung, möglichst in Richtung Südosten, und freie Abflug-

bahn. Die Höhe über Grund ist nicht entscheidend; Meisen nisten sogar gelegentlich unterirdisch in Mäuselöchern. Wegen neugieriger Katzen und Menschen empfiehlt sich aber eine Höhe von wenigstens zwei Metern.
Nistkästen werden übrigens nicht nur zur Brut genutzt. Auch zum Schlafen ziehen sich Vögel gerne zurück.

Nicht nur für Vögel

Überdies gibt es noch andere Höhlenliebhaber. Wespen und Hornissen (siehe S. 107) können einen Nistkasten zum Staatssitz machen. Fledermäuse schlafen auch gerne in Vogel-Nistkästen. Und bei der alljährlichen Kontrolle im Herbst, bei der das verlassene und nutzlos gewordene Vogel- oder Wespennest herausgeworfen und der Nistkasten mechanisch gereinigt wird, trifft man gelegentlich auf die voluminösen Blätternester von Mäusen (siehe S. 75) oder Siebenschläfern (siehe S. 74). Auch Insekten wie der Ohrwurm (siehe S. 98) bewohnen „leere" Nistkästen gerne, Marienkäfer (siehe S. 103) überwintern darin.
Wer zwei linke Hände hat, kann sich diesen Abschnitt sparen und im Gartenfachhandel einen Nistkasten aus Holz oder Holzbeton

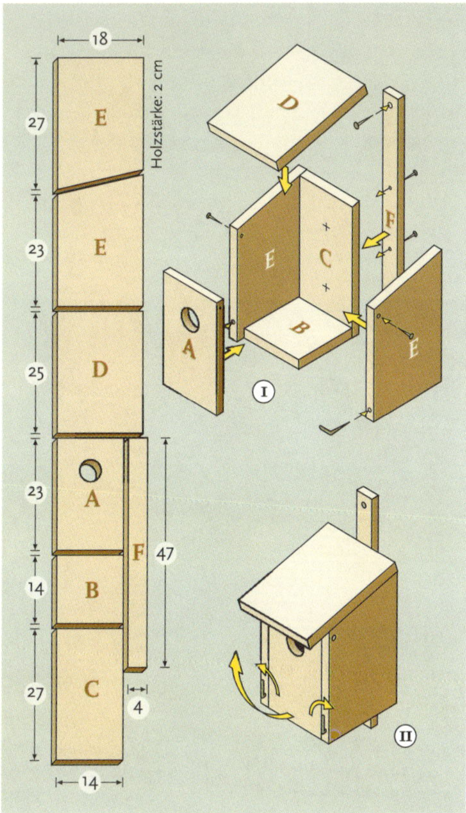

Meisennest im Nistkasten

erwerben. Neben dem Standard-Meisenkasten erhalten Sie dort auch Nisthöhlen mit verschieden gestalteten Löchern oder Spezialkästen wie die für den Gartenbaumläufer (siehe S. 88), die einen seitlichen Eingangsschlitz haben. Ansonsten gilt: Selber bauen. Sägeraue Bretter von zwei Zentimetern Stärke, ein paar Nägel und der Plan oben genügen. Das Einschlupfloch führt leicht schräg nach oben, um Hineinregnen zu verhindern. Die Vorderseite sollte beweglich sein, damit die alljährliche Grundreinigung stattfinden kann. Außerdem nehmen Meisen auch einen gelegentlichen Blick ins Nest nicht übel. Auf einen Anstrich verzichten wir, ebenso wie auf die klassische Sitzstange vor dem Flugloch. Stare nutzen eine solche zwar gerne als Singwarte, Elstern (siehe S. 89) aber auch – um die Starennester auszuräumen. Auch Steinmarder (siehe S. 77) sind berüchtigte Nistkasten-Leerer. Weil sie hervorragend klettern, erreichen sie auch fast jede Nisthöhle. Eine zusätzliche, drei Zentimeter breite Leiste, auf der Innenseite des Kastens unter dem Flugloch angebracht, kann ihnen den Zugriff erschweren.

Auch „Fehlbelegungen" – hier durch Hummeln – sind erwünscht.

Halbhöhlen

Wo zahlreiche regengeschützte Balkenköpfe wind- und wettergeschützte Nischen entstehen lassen, kann man auf Halbhöhlen getrost verzichten. Hier finden Hausrotschwanz (siehe S. 84), Grauschnäpper (siehe S. 86) und Bachstelze (siehe S. 82) genügend Brutplätze.
An glatten Fassaden müssen wir nachhelfen. Der vorne weit offene Halbhöhlenkasten wird allerdings möglichst nicht an der freien Wand befestigt, sondern am besten so unter die Dachtraufe, einen Balkon oder einen Fenstersims gehängt, dass er weder dem Wetter ausgesetzt noch für Nestplünderer leicht zugänglich ist. Beides ist weniger gewährleistet, wenn man die Halbhöhle an Bäumen aufhängt. Hauswände sind deshalb besser geeignet. Besonders Hausrotschwänze nutzen dieses Angebot gerne. Während der Brutzeit verhalten sie sich übrigens äußerst unauffällig. Nach kurzen Brutpausen kehrt das Weibchen erst aufs Nest zurück, wenn es sich völlig unbeobachtet glaubt. Auch die Fütterung, an der sich beide Eltern beteiligen, wird bei verdächtigen Bewegungen in Nestnähe vorübergehend eingestellt – ein Verhalten, das der Sicherheit der Brut

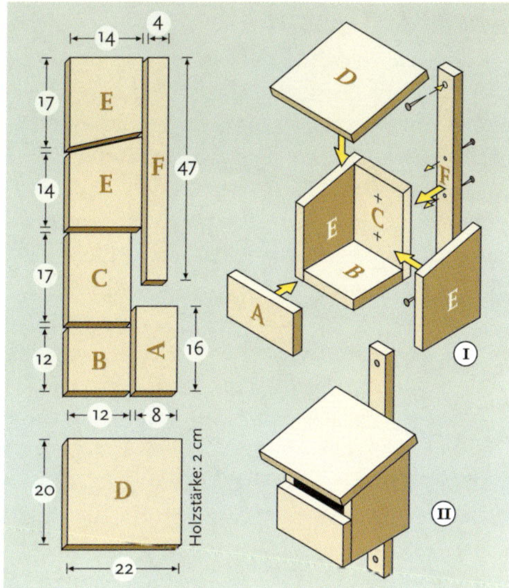

dient. Sobald die Jungen ausgeflogen sind, ist wieder Lärm im Garten.
Wie andere Nistkästen werden Halbhöhlen nach Plan aus sägerauen, zwei Zentimeter starken Brettern zugeschnitten. Im Boden sorgen zwei Bohrungen dafür, dass Wasser ablaufen kann. Schon beim Aufhängen sollte aber auf guten Schutz vor Regen geachtet werden.

Der Hausrotschwanz ist ein treuer Begleiter des Menschen.

Vögel an Fassaden

Historische Gebäude stecken voller Leben. Reich gegliederte Fassaden, Lücken im Mauerwerk, durch Ritzen von außen zugängliche Zwischenböden geben Vögeln reichlich Nistgelegenheit. Gebäudesanierungen machen dem meist ein Ende. Auch Neubauten werden, um Energie zu sparen, konsequent abgedichtet. Wer neu baut, kann aber gleichzeitig auch für Vögel Wohnraum schaffen. Spezielle Niststeine lassen sich von vornherein in die Hauswand integrieren. Solche Fertigwohnungen gibt es im Fachhandel als Halbhöhle (ein Angebot an Hausrotschwanz und Grauschnäpper, siehe S. 19) oder mit kleinem Einflugloch (für die klassischen Höhlenbrüter) ebenso wie für Mauersegler und Fledermäuse. Herausnehmbare Einsätze um die Einfluglöcher erlauben die herbstliche Reinigung. Auch hier sollte man darauf achten, dass die Bewohner vormittags gerne Sonne genießen.

Spatzen-Asyl

Verschalungen bieten besonders gute Möglichkeiten, Haussperlingen zu helfen. Früher selbst von manchen Vogelschützern mit abschätzigen Blicken bedacht und zum „Lumpenproletariat“ gerechnet, um das man sich nicht weiter zu kümmern braucht, ist der Spatz heute unter Druck. Inzwischen finden wir ihn

Niststeine für Rotschwänze (r.o.), Mauersegler (r.u.), Meisen (l.u.) und Fledermäuse (l.o.)

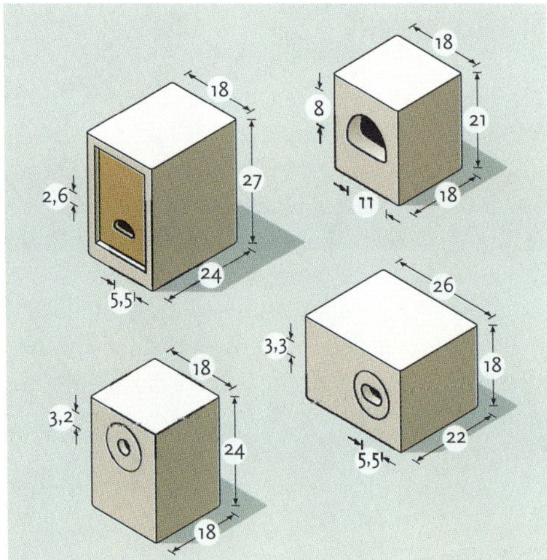

in Deutschland bereits auf der Vorwarnliste der Roten Liste der gefährdeten Tierarten. Das bedeutet: Hält die Bestandsabnahme weiter an, ist zu befürchten dass die Situation für den Haussperling in naher Zukunft problematisch wird. Die Innenstädte, einst nicht zuletzt wegen der Pferdeäpfel äußerst dicht besiedelt, sind schon lange weitgehend geräumt. Viele Neubaugebiete sind ebenfalls spatzenfrei. Hier

Früher ein Allerweltsvogel, heute hilfsbedürftig: der Spatz

Fassadenkletterer bieten tragfähige Unterlagen für Vogelnester.

fehlt es weniger an Futter als an Brutplätzen. Zunehmend werden Spatzen auch in älteren Wohngebieten entmietet. Im Rahmen der Sanierung von Dächern zur Wohnraumerweiterung oder Energieersparnis werden die Schlupflöcher unter den Dachpfannen verstopft und die Dach-Hohlräume damit unzugänglich. Abhilfe ist einfach, denn Spatzen stellen keine großen Ansprüche. Schon eine zwecks Hinterlüftung mit etwas Wandabstand angebrachte Boden-Deckel-Schalung gibt Unterschlupf. Zur Brut genügen formlose, quer liegende Holzkisten mit seitlicher oder unterer Öffnung, die unauffällig unter die Dachtraufe gehängt werden. Oft lassen sich auch mit ein paar Brettchen im Giebel oder in Gebäudewinkeln Bruträume schaffen. Hier darf es ruhig ein bisschen mehr sein. Spatzen leben schließlich im Trupp und brüten auch gerne in enger Nachbarschaft. Auf die Größe der Kästen kommt es übrigens weiter nicht an. Spatzen sind es gewohnt, viel Nistmaterial einzutragen und sich auch in größeren Hohlräumen wohnlich einzurichten. Als Untergrenze ist das Volumen eines Meisenkastens angemessen, der gelegentlich ebenfalls von Haus- oder Feldsperlingen besiedelt wird.

Noch anspruchsloser als Haussperlinge sind Amseln. Ihnen genügt eine wie auch immer geartete Unterlage für ihr offen angelegtes Nest. Grüne Fassaden (siehe S. 9) bieten Nistplätze in großer Zahl, vor allem, wenn man sich für den Efeu als Fassadenkletterer entschieden hat. Sein stabilen Sprosse tragen, sein dichter Wuchs verbirgt so gut, dass selbst Haussperlinge ein Höhlengefühl bekommen und ihre unordentlich wirkenden Nester ins immergrüne Laub bauen. Ein weiterer Vorteil: Das Vogelfutter wird wenigstens teilweise frei Haus geliefert.

Mauersegler und Mehlschwalbe

Schwalben und Segler brüten in Mitteleuropa fast nur an Gebäuden. Das heißt: Wir tragen mehr Verantwortung für sie als für solche Arten, die auch natürliche Brutplätze besiedeln. Mauersegler (siehe S. 80) leben ausschließlich von Luftplankton. Damit sind die kleinen Insekten und winzigen Spinnen gemeint, die in der Sommerluft unterwegs sind, Erstere mit eigener Kraft fliegend, Letztere lange Spinnfäden als Flugzeuge benutzend. Selbst das spärliche Nistmaterial muss der Segler im Flug erhaschen. Die Brutplätze der Mauersegler sollten hoch liegen und, das ist die wichtigste Bedingung, völlig frei zugänglich sein. Mauersegler scheinen nämlich beim Anflug kaum zu bremsen und verschwinden oft mit abenteuerlicher Geschwindigkeit in ihren Bruthöhlen. Beim Abflug lassen sie sich dagegen erst durchsacken, bevor sie wieder emporschießen.

Der König der Lüfte, der Mauersegler, brütet nur an hohen Gebäuden.

Nistkasten für Mauersegler

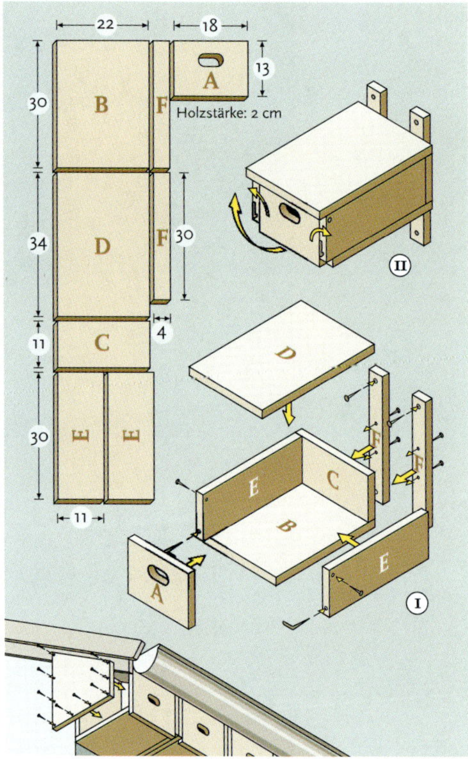

Ein gewöhnliches Einfamilienhaus sagt den Mauerseglern als Quartier also kaum zu. Ein geräumiger Starenkasten am Giebel eines zweistöckigen Hauses dürfte das Minimum sein. Mehr noch als die Sperlinge leiden Mauersegler unter der Sanierung alter Gebäude, bei der traditionelle Brutplätze unter Dächern verschwinden. Abhilfe ist aber leicht zu schaffen. Entweder ganz unauffällig über eingebaute Niststeine (siehe S. 20) oder mittels Nistkästen, die man selbst baut oder kauft – je nach handwerklichem Geschick – und unter der Dachtraufe anbringt. Allerdings sollten wir Mauerseglern immer Reihenhäuser anbieten. Sie pflegen in lockeren Kolonien von meist zehn bis 40 Paaren zu brüten. Das deckt sich mit

Quartier für Mehlschwalben

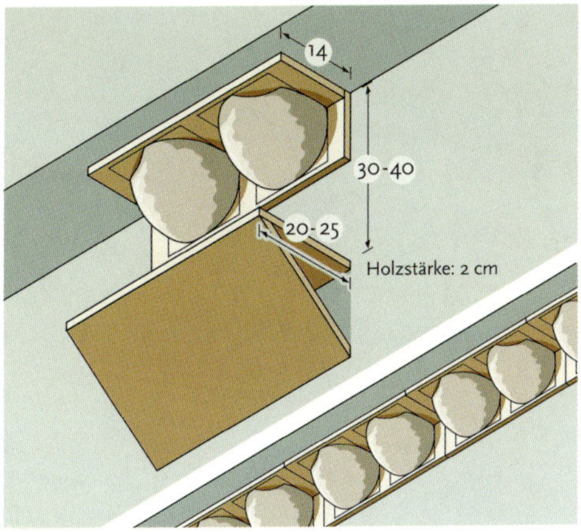

den Bedürfnissen von Staren und Spatzen, weshalb man Gefahr läuft, dass diese die günstige Gelegenheit nutzen und die Brutplätze schon besetzen, bevor die Segler Ende April aus Afrika kommen. Diese können sich, finden sie ihre traditionellen Plätze besetzt, gegen Konkurrenten aber durchaus durchsetzen. Mehlschwalben (siehe S. 82) bauen ihre „Nistkästen" selbst. Wo die Welt noch in Ordnung ist, kleben die Viertelkugeln mit dem flachen Eingangsschlitz in einer dichten Reihe unter der Dachtraufe etwas höherer Häuser. „In Ordnung" heißt: Außer den Fluginsekten, die dem Lebensunterhalt dienen, brauchen Mehlschwalben Stellen, wo sie feuchten Lehm gewinnen können, um ihre Nester zu bauen. In einer zunehmend asphaltierten Welt kann das selbst auf dem Dorf zum Problem werden. Wir können auf zweierlei Weise helfen. Die eine: Wir halten im Frühjahr eine Lehmwanne bereit, in der das ständig nass gehaltene Baumaterial zur Verfügung steht. Die andere: Wir befestigen die im Fachhandel erhältlichen, täuschend ähnlichen Kunstnester unter der Traufe. Weil Mehlschwalben im Frühjahr sowieso teils auf ihre letztjährigen Bauwerke zurückgreifen, werden Kunstnester gerne angenommen. Damit entfällt auch ein weiteres Problem, nämlich dass Naturnester an sehr glattem Putz schlecht halten. Die Schwalbennester kauft man übrigens meist im Doppelpack, weil Schwalben gerne in Kolonien brüten. Besser: mehrere solche Doppelpacks in eine Reihe hängen. Noch besser: 30 Zentimeter unter den Nestern ein Brettchen anbringen, um Hauswand und Passanten vor Kotspritzern zu schützen.

Mehlschwalbe am Kunstnest

Freibrüter

Unter den typischen Garten-Singvögeln sind es vor allem Zaunkönig, Rotkehlchen, Amsel, Mönchsgrasmücke und die verschiedenen Finkenarten, denen mit Nistkästen nicht gedient ist. Sie bauen ihre Nester am Boden, in dichtem Gebüsch oder in Bäumen. Dabei hat jede Art ihre Vorlieben. Ein Buchfink (siehe S. 91) wird im Garten nur brüten, wenn dort ein höherer Baum steht, an dessen dickeren Ästen und Zweigen das napfförmige Nest befestigt ist. Der Stieglitz (siehe S. 92 baut sein Nest gerne in hohen Obstbäumen und bevorzugt dort die Kronenregion. Girlitze (siehe S. 93 nisten dagegen im Siedlungsraum lieber in Nadelbäumen. Auch dem Grünfinken (siehe S. 92) kann man mit immergrünen Gewächsen eine Freude machen, in denen die bereits sehr früh im Jahr brütenden Vögel guten Sichtschutz genießen.
Überwiegend im Strauchstockwerk liegen die Nester der Mönchsgrasmücke (siehe S. 85). Man findet sie selten, denn die Grasmücke wählt ihren Brutort mit Bedacht. Dabei ist ihr die Pflanzenart, in der sie ihr Nest baut, ziemlich egal. Wichtig sind Wetterschutz und gute Deckung nach allen Seiten. Deshalb liegen die Nester oft ziemlich genau auf halbem Weg zwischen Boden und Gebüschspitze und eher auf der Südost- als auf der Nordwestseite. Wer keinen ganz kleinen Garten hat, kann die wunderschön singende Mönchsgrasmücke also mit der Pflanzung dichter und möglichst bereits im Frühjahr gute Deckung bietenden Gebüschen locken. Reichen dornige Äste bis auf den Boden, so dass Katzen nicht ungehindert Zugang haben, profitiert davon auch das Rotkehlchen (siehe S. 83). Sein Nest liegt gut getarnt am Boden. Dabei ist es für Mensch und Tier umso schwieriger zu finden, je weniger „aufgeräumt“ seine Umgebung ist. Eine gut

Ausgedient: Singvogelnester werden nur einmal benutzt.

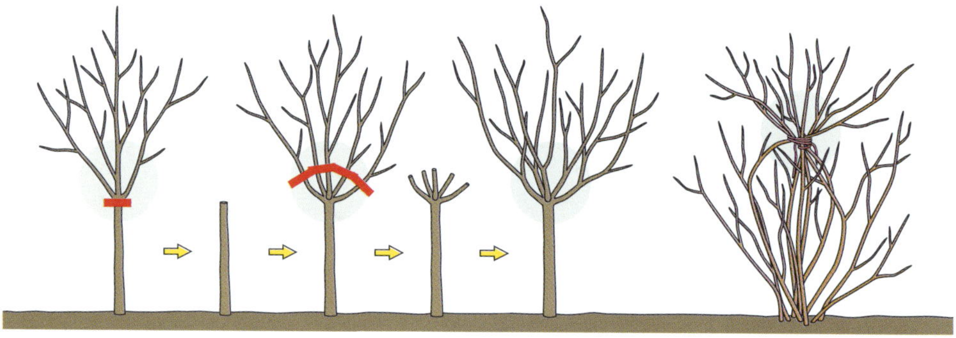

Durch gezieltes Beschneiden oder Binden lassen sich Nistplätze schaffen.

entwickelte Kraut- und Streuschicht erleichtert dem Rotkehlchen auch die Nahrungssuche. Schließlich muss es gewöhnlich fünf bis sieben hungrige Schnäbel stopfen. „Unordentliche" lockere Reisighaufen oder Aststapel, Wurzelstöcke und dichtes Unterholz bieten Brutmöglichkeiten für den Zaunkönig (S. 83). Seine großen, mit einem seitlichen Eingang versehenen kugeligen Moosnester baut er aber auch mal an unkonventionellen Orten, zum Beispiel in von außen zugänglichen Geräteschuppen. Hilfe für Freibrüter besteht also vor allem in der Auswahl der richtigen Pflanzen für Gebüsche und Hecken (siehe S. 56) und einer entsprechenden Pflege (oder besser: Nicht-Pflege). Stille Ecken, in denen Wurzelteller oder Haufen aus Ästen und größeren Zweigen in Ruhe verrotten, bieten Brutmöglichkeiten. In den Hecken selbst können wir durch gezielten Schnitt quirlförmige Verzweigungen entstehen lassen – ideal für die Anlage von Nestern.

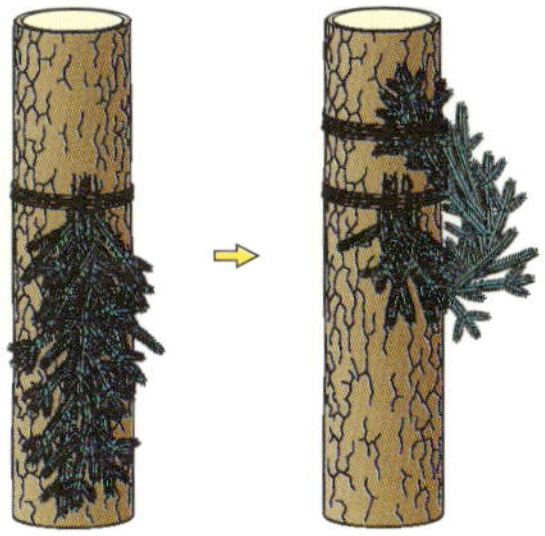

Links: Nisttasche

Viele Vögel beginnen schon mit dem Nestbau, bevor dichtes Laub genügend Deckung spendet. Hier hilft das Einstreuen einiger immergrüner Gewächse (die ansonsten bei vielen Naturgärtnern verpönt sind) oder die Herstellung von Nisttaschen aus Nadelbaumzweigen. Dazu werden knapp meterlange Zweige gebündelt und leicht gewölbt an der wetterabgewandten Seite eines dickeren Stamms befestigt, so dass sich in der gebauchten Mitte eine Öffnung zwischen Zweigen und Borke bildet.

Unten: In „unordentlichen" Aststapeln entsteht Brutraum für Vögel.

Vogelservice

Stimmen Wohnraum- und Nahrungsangebot, sind zwar die Grundbedürfnisse gedeckt. Aber auch Vögel schätzen darüber hinaus ein bisschen Luxus. Dazu gehört vor allem ein Vogelbad. Wie wir mögen viele Vögel ein erfrischendes Bad an heißen Tagen. Am liebsten stehen sie dazu in seichtem Wasser, spreizen das Gefieder, tauchen immer wieder den Kopf ins Wasser und schlagen heftig mit den Flügeln. Anschließend bringt kurzes Schütteln das Federkleid in Ordnung. Meist werden die Federn beim Baden nur oberflächlich benetzt. Nur selten ist ein Vogel nachher völlig durchnässt, so dass der Start schwer fällt. So oder so wird die Körperpflege anschließend gewöhnlich in einem nahen Gebüsch fortgesetzt.

Badende Vögel brauchen flaches Wasser und Übersicht.

Daraus ergeben sich Konstruktion und Aufstellung des Vogelbads: Es sollte frei stehen und Überblick nach allen Seiten bieten, so dass in Ruhe gebadet werden kann. Büsche in einiger Entfernung dienen dem nassen Vogel dann als Rückzugsmöglichkeit fürs anschließende Sortieren des Gefieders. Eine Wassertiefe von wenigen Zentimetern genügt und sollte auch nicht überschritten werden. Das Volumen sollte trotzdem nicht zu klein sein. Sonst ist das Bad leer, nachdem zwei oder drei Amseln ausgiebig geplanscht und gespritzt haben. An heißen Sommertagen muss dann mehrmals nachgefüllt werden. Alternativen sind ständige Wasserzufuhr über eine Wasserleitung oder eine als Vogelbad dienende Flachwasserzone eines größeren Gartenteiches. In meinem Garten ziehen vor allem kleinere Vögel das eigene Bad dem im direkt benachbarten Teich aber vor. Welches Material für ein Vogelbad verwendet wird, ist zweitrangig, solange es griffig genug für die spitzigen Vogelkrallen ist. Kleine Becken sollten regelmäßig gesäubert werden. Schließlich nutzen die Tiere das Bad auch als Tränke. Allzu gründlich braucht man dabei aber nicht vorzugehen. Vor allem sollte man sich am Rand ansiedelndes Moos nicht entfernen. Hat es Kontakt zum Wasser, bleibt es oft so feucht, dass sich Insekten dort mit Wasser versorgen können. Dann wird das Vogelbad auch zur Bienentränke. Wichtig ist, dass wir mit dem Vogelbad ein verlässliches Angebot machen und es stets gefüllt halten. Ist es die einzige Wasserquelle im Umkreis, spricht sich das bis weit über den eigenen Garten hinaus herum.

Manche Vögel baden ebenso gerne in Sand. Dabei zeigen sie sogar dieselben typischen Bewegungen. Ein Sandbad dient wie das im Wasser der Gefiederpflege; vielleicht schützt es auch vor Parasiten im Federkleid. Vor allem den Spatzen können wir mit einer sandgefüllten Mulde im Garten eine Freude machen.

Neben dem Aufhängen von Nistkästen ist die

So nicht: Vogelhaus mit offen angebotenem Futter

winterliche Fütterung bei Vogelfreunden auch heute noch gang und gäbe. Darauf jedoch können wir beruhigt verzichten. Die Vogelarten, die sich im Winter hierzulande nicht ernähren können, ziehen gen Süden. Den Standvögeln und Wintergästen helfen wir am besten, indem wir Bepflanzung und Pflege des Gartens auf ihre Bedürfnisse abstimmen (S. 52). Dass Futterstellen zahlreiche Vögel anziehen, ist kein Argument für ihre Notwendigkeit. Vögel nutzen die leicht zugängliche Nahrungsquelle natürlich lieber als stundenlang herumzusuchen. Wer Vögel füttert, macht also eher sich selbst eine Freude als den gefiederten Gästen. Um nicht mehr zu schaden als zu nützen, darf die möglichst vielfältige Nahrung nur in Futterquellen angeboten werden, in denen sie vor Verschmutzung durch Vogelkot geschützt ist. Andernfalls können Krankheiten leicht übertragen werden.

Fledermäuse

Die Fledermäuse gehören zu den Sorgenkindern des Naturschutzes: Bei vielen Arten ist der Rückgang Besorgnis erregend. Alle heimischen Arten gelten als gefährdet, manche sind bereits großflächig verschwunden. Der Hauptgrund: Die Umgestaltung der Landschaft durch die moderne Landwirtschaft. Statt eines abwechslungsreichen Mosaiks aus Lebensräumen finden wir heute vielerorts eine groß-

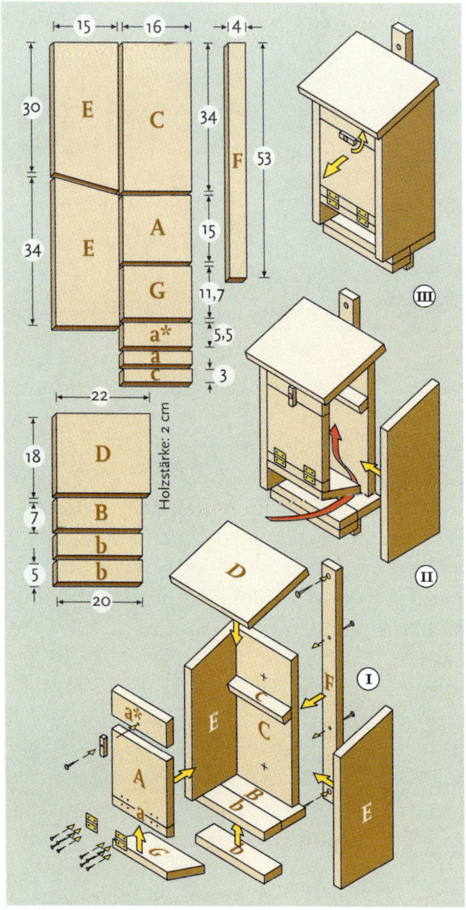

Kasten für Baumhöhlen bewohnende Fledermäuse

Flachkasten für Arten, die sich gerne in enge Spalten zurückziehen

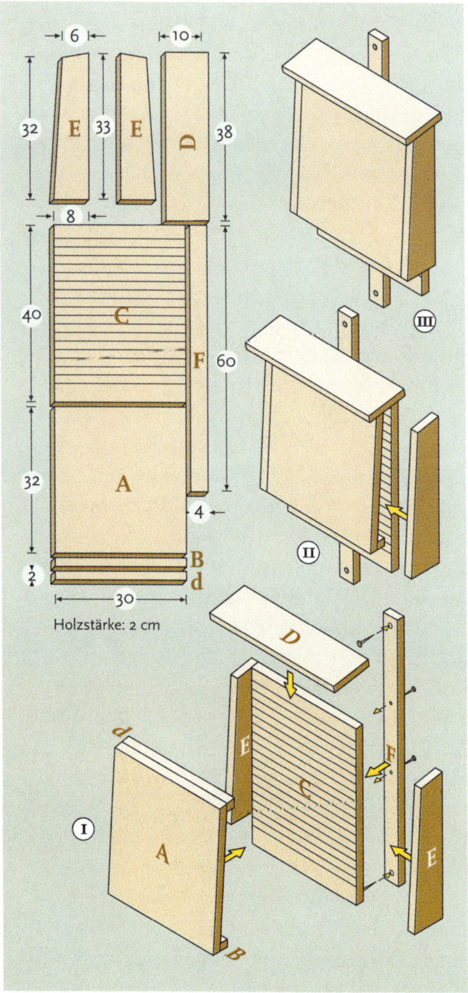

flächig ausgeräumte Einheitslandschaft. Die Artenvielfalt bleibt dabei auf der Strecke. Mit Giften wird die Ernte gegen Schädlinge verteidigt. Die meisten der Chemikalien, die gegen auf Nutzpflanzen spezialisierte Insekten eingesetzt werden, töten unspezifisch alles, was Flügel und sechs Beine hat und entziehen damit den Fledermäusen – allesamt Insektenfresser – die Nahrungsbasis.
Was lässt sich an Haus und Garten tun, um

Die winzige Zwergfledermaus ist meist die häufigste Art im Garten.

Fledermäusen zu helfen? In erster Linie können wir sie unterstützen, indem wir Quartiere schaffen und erhalten. Fledermäuse brauchen einen Unterschlupf, an dem sie den Tag verbringen können. Die häufigste Art, die an Gebäuden zu finden ist, ist die winzige Zwergfledermaus (siehe S. 74). Das halboffene Gelände einer Gartenlandschaft bietet ihr ein ideales Jagdgebiet. Straßenlaternen, die Insekten anlocken, erleichtern die Nahrungssuche. Wo aber bleiben, wenn der Tag anbricht? Fensterläden, enge Mauerspalten oder schmale Schlitze hinter Verschalungen genügen der Zwergfledermaus zwar schon, aber neu gebaute oder sanierte Gebäude bieten allzu oft nur glatte Fassaden. Wer rechtzeitig daran denkt, kann Quartiere für die fliegenden Säugetiere ebenso wie solche für Vögel gleich mit einbauen (siehe S. 20). Ansonsten hilft ein flacher, nach unten geöffneter Kasten, der an der Hauswand oder an einem Baum aufgehängt werden kann. Nicht alle Fledermausarten verstecken sich gerne in enge Spalten. Dem trägt die zweite Kasten-Variante Rechnung, die eher von Arten genutzt wird, die lieber in Baumhöhlen schlafen. Besonders wohl fühlen sich Fledermäuse, wenn kein Licht in den Kasten dringt. Fugenloses Arbeiten oder die Abdichtung von Spalten durch Holzkitt ist deshalb Pflicht. Verwendet werden sägeraue Bretter, in deren Innenseite mit dem Stecheisen zusätzliche „Griffe“ eingearbeitet werden können. Beim Aufhängen in mehreren Metern Höhe sollte immer auf einen möglichst warmen Platz und freien An- und Abflug geachtet werden. Ganz wichtig: Fledermäuse reagieren überaus empfindlich auf Holzschutzmittel. Also rohe Bretter verarbeiten und diese allenfalls mit einem Außenanstrich aus Leinöl gegen die Witterung schützen.

Ob ein Fledermauskasten benutzt wird, lässt sich störungsfrei feststellen. Liegen längliche schwarze Kotkrümel darunter, schlafen dort Fledermäuse. Man sollte sich aber nicht entmutigen lassen, wenn ein Kasten nicht sofort bezogen wird. Leben nur wenige Fledermäuse in der Umgebung, dauert es manchmal sehr lange, bis er entdeckt wird.

Fledermäuse „übertagen“ gerne auch in Baumhöhlen – hohle Obstbäume deshalb nach Möglichkeit stehen lassen – oder in normalen Meisenkästen. Wer Fledermäuse gezielt fördern will, aber keine Werkstatt (oder keine Zeit) hat, kann sowohl Flachkästen als auch Rundkästen mit einer speziellen Vorderwand im Fachhandel erwerben. Letztere hat im

Gegensatz zum Vogelkasten das Einflugsloch nicht oben, sondern unten. So wird Konkurrenz zwischen den so unterschiedlichen Fliegern vermieden.

Schlupflöcher für Nachtgespenster

Manche Fledermausarten ziehen Quartiere im Inneren von Gebäuden vor. Dazu zählt zum Beispiel das Große Mausohr (siehe S. 73). Gehören Sie zu den wenigen Glücklichen, in deren Dachstuhl eine größere Kolonie der seltenen Fledermäuse den Sommer verbringt und vielleicht gar Junge bekommt, setzen Sie sich möglichst mit einer lokalen Naturschutzorganisation in Verbindung – vor allem, wenn Sie Veränderungen im Dachgeschoss planen. Ansonsten gilt: Ein Zugang zum Dachstuhl (oder einen kleinen Teil desselben) schafft Raum für alle möglichen „Haustiere" von der Fledermaus bis zum überwinternden Marienkäfer (siehe S. 50) . Ein schmaler Spalt genügt und gewährleistet gleichzeitig, dass Straßentauben und Steinmarder draußen bleiben.

Zugang und Quartiere für Fledermäuse im und am Haus

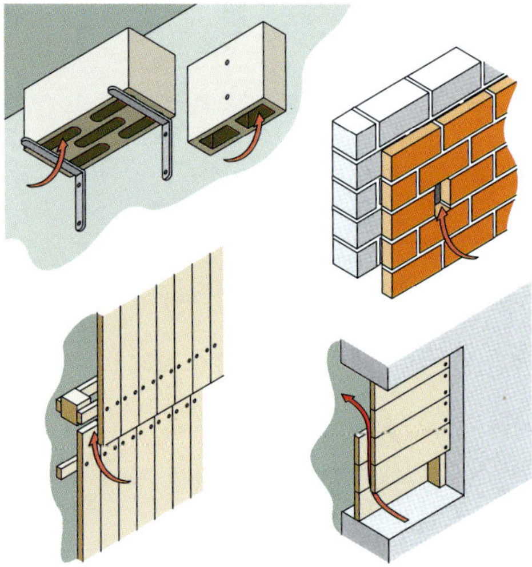

Mausohren – ein selten gewordener Anblick

Eine Unterkunft für den Igel

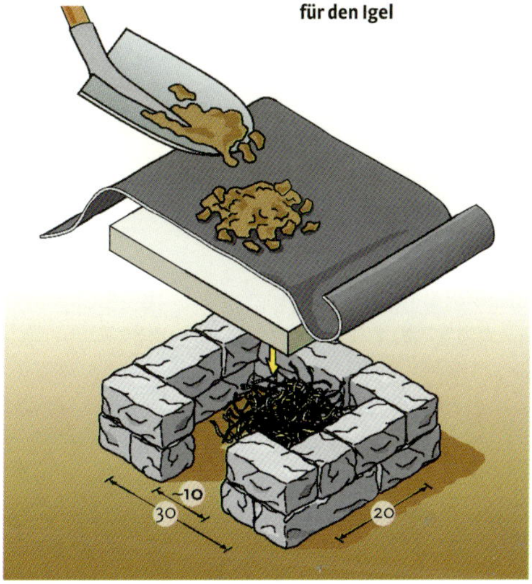

Igel

Nirgends erreichen Igel (siehe S. 72) eine höhere Dichte als in den gartenreichen Wohngebieten der Vorstädte und Dörfer. Hier können vier bis zehn Igel pro Quadratkilometer leben. Allerdings beschränkt sich ihr Aktionsradius natürlich nicht auf einen Garten. Nahrung suchend legt ein Igel etwa einen bis zwei Kilometer pro Nacht zurück. Zwar kann er erstaunlich gut klettern. Trotzdem muss er um sauber eingezäunte Gärten einen Bogen machen (siehe S. 48). Igel gehören zoologisch zur Ordnung der Insektenfresser, ökologisch dagegen zu den Allesfressern: Insekten, Spinnen, Regenwürmer, Schnecken, Aas, Fallobst und Kompostabfälle – der Speisezettel ist sehr umfassend. Wer für Igel etwas tun will, sollte weniger im Garten tun. Was für bodenbrütende Vögel wie Rotkehlchen und Zaunkönig gilt, gilt auch für den Stachelträger: Dichte Hecken, Laub- und Reisighaufen bieten Nahrung und Rückzugsgebiete für den Igel, Deckung für den Ruhetag. Wer ein Übriges tun will, baut dem Igel in einer ruhigen Ecke ein Eigenheim, das eben-so wie der Komposthaufen auch zur Überwinterung genutzt werden kann. Das ist mit wenigen Handgriffen aus ein paar Feldsteinen, einer Gartenplatte, einem Stück Dachpappe und ein paar Händen Laubstreu erledigt.
Mit Erde bedeckt und bepflanzt fügt sich das Ganze unauffälliger in den Garten ein als die käuflichen „Igelkuppeln".
Übrigens: Gefüttert werden müssen Igel nicht – vor allem nicht mit Milch, die sie schlecht vertragen. Finden Sie im Spätherbst ein Leichtgewicht mit weniger als 500 Gramm, holen Sie sich Rat beim örtlichen Naturschutzverband.

Igel schätzen eine sichere Unterkunft für den Tag.

Eidechsen & Blindschleichen

Unter den in Mitteleuropa vorkommenden Reptilien sind es nur diese zwei, die regelmäßig in Gärten vorkommen. Die Blindschleiche, eine beinlose Eidechse, ist anders als die meisten Reptilien, kein „Sonnentier“, sondern ein „Schattentier“. Meistens jedenfalls, denn vor allem in den frühen Morgenstunden legen sich auch Blindschleichen gelegentlich in die Sonne. Ansonsten sind sie gerne in der Dämmerung und dort unterwegs, wo es etwas feuchter ist. Eine dichte Krautschicht erleichtert den Schleichen, die auf offenen Flächen einen sehr unbeholfenen Eindruck machen, die Fortbewegung. Ihre Verstecke liegen unter verrottenden Baumstümpfen, unter Moospolstern oder Steinen. Darunter graben sie sich auch ein, um zu überwintern. Hilfe für Blindschleichen sieht also ähnlich aus wie die für Igel, Spitzmäuse oder Zaunkönige. Büsche oder Hecken, unter denen reichlich Laubstreu, einzelne Steine und verrottende Äste liegen. Blindschleichen auf Schneckensuche kriechen auch gerne durch dichte, krautreiche Säume und Wiesen.

Anders die Zauneidechsen. Sie mögen offene Flächen mit spärlichem Pflanzenwuchs. Dort strahlt die Sonne ungehindert auf den Boden und bringt die Echsen auf Betriebstemperatur. Dort leben auch Insekten und Spinnen in großer Zahl – Nahrung für die Eidechsen. Einige abgestorbene, liegende Stämme, ein großer, unregelmäßig geschichteter Steinhaufen mit Sonnenplätzen und Verstecken oder eine nicht zu steile Trockenmauer kann im Zentrum eines Eidechsenreviers stehen.

Zauneidechsen wärmen sich gerne auf Steinen.

Blindschleichen leben überwiegend in dichter Vegetation.

Trockenmauern

Eine Trockenmauer heißt so, weil die unbehauenen Steine „trocken“, also ohne Mörtel, aufgeschichtet werden. Dabei werden die Steine mit leichter Neigung zum Hang (fünf bis zehn Prozent) und in versetzten Reihen so angeordnet, dass sie stabil sitzen. Bei kleineren Mäuerchen ist das nicht schwierig. Wer höher hinaus will, braucht ein Fundament und eine Hinterschüttung aus Kies oder Schotter – und ein bisschen mehr Knowhow, als wir hier geben können. Ritzen und Hohlräume machen jede Trockenmauer zu einem artenreichen Lebensraum. Auf das ebenso beliebte wie üppig wuchernde Blaukissen sollte man verzichten; es lässt jede Mauer innerhalb weniger Jahre unter einem dichten Teppich verschwinden. Setzen wir lieber auf langsam wachsende heimische Pflanzen wie Mauerpfeffer- oder Hauswurzarten. Im Lückensystem der warmen Mauern finden viele Spinnen und Insekten (und damit auch die Eidechsen) hervorragende Lebensbedingungen. Zur Fortpflanzung allerdings brauchen die Eidechsen ein warmes Erd- oder Sandbett, in dem sie ihre Eier ablegen und von der Sonne ausbrüten lassen können.
Von Hilfsmaßnahmen für Eidechsen profitieren auch zahlreiche andere Arten. Sie lohnen sich also selbst dann, wenn keine Eidechsen in den Garten zu locken sind. Letzteres funktioniert nämlich nur, wenn in der nächsten Umgebung Eidechsen leben. (Überflüssig zu erwähnen, dass sich die Umsiedlung von Tieren aus der freien Natur verbietet.) Gehört Ihr Garten zum Streifgebiet einer Hauskatze, werden Sie auf Zauneidechsen in der Regel verzichten müssen. Den langsam anschleichenden Stubentiger erkennt die sich sonnende Echse oft erst als Gefahr, wenn es zu spät ist.

Wohnungen für Insekten

Wenige Arten – vor allem Blutsauger wie die Stechmücken oder Schädlinge wie der Kartoffelkäfer – prägen das Image der Insekten. Viele Menschen halten sie schlicht für überflüssig. Lebensrecht wird lediglich der Honigbiene (weil nützlich) und den Schmetterlingen (weil schön) eingeräumt. Damit wird man der ökologischen Rolle der Insekten jedoch kaum gerecht. Insekten stehen an entscheidenden Positionen in zahlreichen Nahrungsketten. Die meisten Gartenpflanzen sind auf bestäubende Insekten angewiesen. Und auch am Abbau organischen Materials im Komposthaufen haben sie entscheidenden Anteil.
Insekten schlüpfen nicht „fertig" aus dem Ei, sondern als winzige Larve. Bei manchen Gruppen (zum Beispiel den Heuschrecken und den Wanzen) gleichen die Larven in Aussehen und Lebensweise bereits den Erwachsenen. Nach mehreren Häutungen, verbunden mit ebenso vielen Wachstumsschüben, entsteht das geflügelte und geschlechtreife Insekt. Nicht so bei

Unvollständige Verwandlung: Heuschrecken-Larven gleichen den Erwachsenen.

Insekten mit vollständiger Verwandlung: Hummeln und Schwebfliege

der zweiten Gruppe, zu der unter anderem Käfer, Schmetterlinge oder Fliegen gehören. Sie führen zwei ganz unterschiedliche Leben. Besonders bekannt ist das Beispiel der Schmetterlinge: Die gewöhnlich Pflanzen fressende Raupe verpuppt sich; in der Puppe verwandelt sie sich zum geflügelten Schmetterling, der sich von Nektar ernährt. Wer sich im Sommer an den bunten Admiralen, Pfauenaugen und Kleinen Füchsen freut, die zu Dutzenden am blühenden Sommerflieder saugen, sollte daran denken, dass sich keine dieser drei Arten erfolgreich im Garten fortpflanzen kann, wenn man alle Brennnesseln – ihr Raupenfutter – ausgerauft hat.
Die Mannigfaltigkeit und Artenzahl der Insekten übertrifft die aller anderen Tiergruppen auf der Erde um ein Vielfaches. So wundert es nicht, dass man in einem gewöhnlichen Hausgarten viele hundert verschiedene Arten antreffen kann, von denen wir hier lediglich einige besonders auffällige vorstellen können (siehe S. 97–114).
Ist es nötig, ist es möglich, Insekten im Garten zu helfen? Zweimal ja. Natürlich lässt sich nicht für jede der heimischen Arten ein Hilfs-

programm verwirklichen. Hier verlassen wir uns einfach auf den vielfach nachgewiesenen Zusammenhang zwischen der Vielfalt an heimischen Pflanzenarten und Lebensräumen und der Zahl der beobachteten Insektenarten. Bei einigen Insektengruppen dagegen können wir durchaus gezielt nachhelfen und Angebote machen.

Wilde Bienen

Die Honigbiene ist nur eine von mehreren hundert in Mitteleuropa heimischen Bienenarten. Gleichzeitig ist sie die einzige Art, welche große Staaten bildet, die auch über Winter bestehen. Kleinstaaterei und Brutpflege für eine Saison betreiben die größten Wildbienen, die Hummeln, bei denen nur die Königinnen überwintern. Die „normale" Wildbiene hingegen lebt alleine und sorgt für ihren Nachwuchs, indem sie Eier samt Pollenvorrat als Larvennahrung in gut geschützten Wohnungen deponiert. Ort und Architektur dieser Kinderstuben ist von Art zu Art verschieden. Manche nutzen Löcher in Holz oder Stein, andere nagen Nestgänge in dicke Pflanzenstängel, graben Erdbaue, mörteln selbst oder belegen leere Schneckenhäuschen.

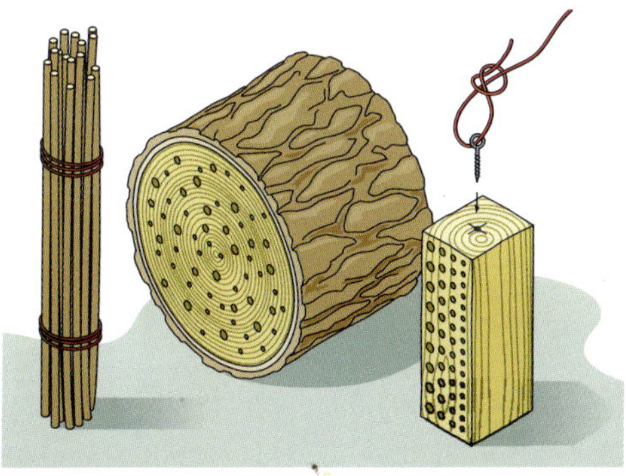

Einige von vielen Möglichkeiten, um Wildbienen im Garten anzusiedeln

Mauerbienen legen ihre Kinderstuben in engen Löchern an.

Manchen Arten können wir ganz einfach helfen: mit „Bienenhäusern". Man nehme einen trockenen (und natürlich unbehandelten) Hartholzblock von der Größe eines Mauersteins und bohre im Abstand von wenigen Zentimetern Löcher. Dabei kann der ganze Bohrersatz von zwei bis zehn Millimeter Stärke durchgespielt werden. Gebohrt wird so tief, wie es der Bohrer erlaubt. Die Bohrungen müssen blind enden, glatte Ränder haben, sauber sein und nicht durch Risse im Holz gestört werden. Das Ganze wird nun regensicher an der Sonnenseite des Hauses aufgehängt. Dass sich bereits an den ersten warmen Frühlingstagen Mauer-

Ein vielfältiges Angebot begünstigt zahlreiche Arten.

bienen (siehe S. 110) einstellen, ist fast sicher, selbst wenn man die Nistblöcke auf den Balkon gehängt hat – was man übrigens ohne Bedenken tun kann, denn Wildbienen sind äußerst friedfertig. Voraussetzung ist natürlich, dass die nähere Umgebung Pollennahrung bietet. Die nächsten Tage sind die Bienen damit beschäftigt, Pollen einzutragen. Ein tiefes Bohrloch enthält schließlich mehrere durch Lehmwände abgeteilte Brutzellen, die jeweils ein aus Blütenstaub und Nektar geformtes „Pollenbrot" und ein Ei enthalten. Das Ganze wird dann mit einem kräftigen Deckel aus Lehm verschlossen, der erst im folgenden Frühjahr von der nächsten Generation geöffnet wird. Bohrungen mit kleineren Durchmessern werden von anderen Arten genutzt, so dass an einem solchen Nistblock den ganzen Sommer hindurch Leben herrscht.
Eben so einfach herzustellen sind kleine Bündel aus bleistiftlangen Bambusrohren mit einem Innendurchmesser von drei bis zehn Millimeter, die hinter dem Knoten gekappt werden und auf der offenen Seite für interessierte Bienen zugänglich sind. Sie werden waagerecht orientiert und vor Regen gesichert aufgehängt. Manche Bienenarten bauen sich ihre Höhlen gerne selbst. Für sie sind vorjährige

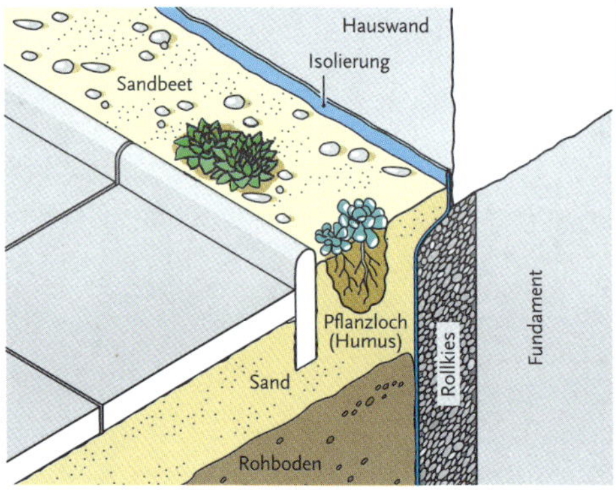

Trockener Sand- oder Erdboden lockt spezialisierte Insekten an.

Trichter in sandigem Boden verraten die Ameisenlöwen.

Holundertriebe ideal. Die daumendicken Triebe sind mit Mark gefüllt, das von den Bienen herausgenagt wird. Sie lassen sich entweder wie Bambusrohre zuschneiden, bündeln und aufhängen oder einfach in langen Stücken senkrecht an einen Zaunpfosten oder einem Baumstamm binden. Andere markhaltige Zweige können natürlich ebenfalls so verwendet werden (Himbeere, Brombeere, Sommerflieder, Königskerze).
Viele Wildbienen nisten im Boden. Bauen lässt sich am besten dort, wo kaum bewachsener Sandboden oder lehmiger Sand ansteht. Das kann ein Erdweg sein, auf dem wir dann die verräterischen Löcher mit dem daneben liegenden kleinen Berg Aushub entdecken können. Eine einfach Möglichkeit, hier zu helfen, besteht in der Anlage eines schmalen Sandbeetes am Haussockel. Davon profitieren nicht nur Wildbienen, sondern auch Wegwespen und Grabwespen wie die Fliegenspießwespe (siehe S. 108) oder Ameisenjungfern, deren Larven, die Ameisenlöwen, am Grund eines kleinen Sandtrichters auf Beute lauern.

Hummelhäuser

Die etwa 30 heimischen Hummelarten gehören ebenfalls zu den Wildbienen. Ihnen genügt aber keine kleine Bohrung. Sie brauchen Platz für einen ganzen Staat mit einigen Dutzend bis einigen Hundert Tieren. Oft nutzen sie unterirdische Hohlräume, zum Beispiel verlassene Mäusenester. Einen Hummelnistkasten kann man deshalb gut unter einer flachen Erdschicht verschwinden lassen und durch ein kurzes Rohr zugänglich machen. Man muss ihn aber nicht unbedingt eingraben. Hummeln sind sehr effektive Bestäuber, nicht zuletzt weil sie auch noch bei sehr niedrigen Temperaturen (ab fünf Grad Celsius) unterwegs sind. Aber natürlich braucht ein ganzes Hummelvolk viel Nahrung: Jede Hummel besucht etwa 450 Blüten pro Tag! Eine erfolgreiche Ansiedlung im Garten hängt also ganz wesentlich von einer richtigen Bepflanzung ab (siehe S. 52).

Hornissenstaaten

Schon ihr Name löst Ängste aus. Alten Vorurteilen zufolge erledigen sieben Hornissenstiche ein Pferd, drei einen Menschen. Alles falsch: Der Stich der braun-gelben Riesen-

Hummeln siedeln sich nur dort an, wo sie auch Nahrung finden.

Oben: Blick in ein Hummelnest mit Puppenkokons

Hummelkästen können frei stehen oder im Boden versenkt werden.

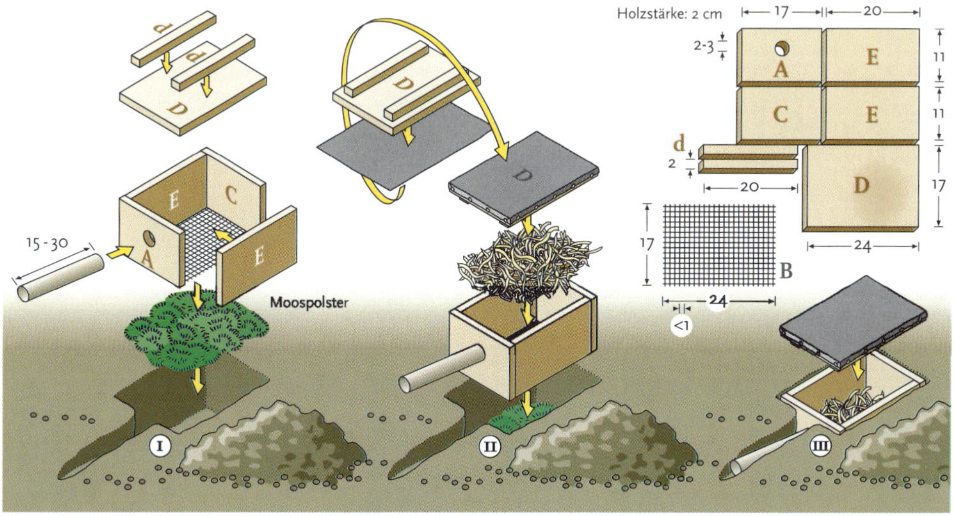

wespe schmerzt auch nicht mehr als der einer anderen Wespenart. Und weil Hornissen durchaus gutmütig sind, solange man sie nicht direkt am Nest stört, bleiben Stiche eine Ausnahme. Wohnraumnot hat die Insektenjäger, die gerne auch Baumsäfte lecken oder an faulenden Früchten fressen, so selten werden lassen, dass sie unter Naturschutz gestellt wurden. In Ermangelung großer Baumhöhlen bauen Hornissen ihre umfangreichen, hellbraunen Papiernester gerne in Vogelnistkästen oder anderen Ausweichquartieren. Stellen wir ihnen einen eigenen Hornissenkasten – selbst gebaut oder fertig gekauft – zur Verfügung, hat das für beide Vorteile. Für die großen Wespen, weil sie darin genügend Platz für ihren Staat haben. Für uns, weil wir die Tiere dann dort ansiedeln können, wo sich unsere Wege nicht kreuzen. Bauen Hornissen an einer besonders ungünstigen Stelle in Haus und Garten, wenden Sie sich an das zuständige Naturschutzamt, dessen Spezialisten solche Nester umsiedeln.

Zu klein! Hornissen erweitern den Eingang eines Vogelnistkastens.

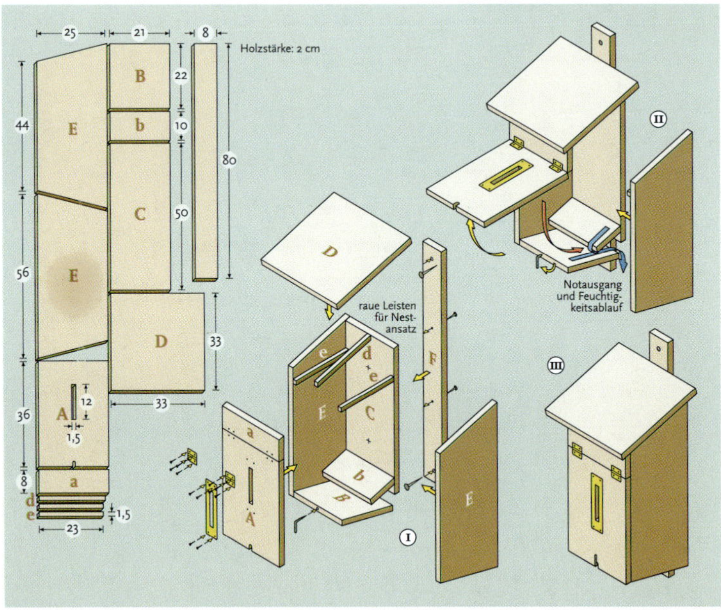

Nicht ganz einfach: der Bau eines Nistkastens für Hornissen

Wassertiere

Wasserstellen sind Treffpunkte für Tiere, die hier zum Trinken kommen, die sich im Wasser fortpflanzen oder die dauernd im Wasser leben. Wasser gehört deshalb eigentlich in jeden Garten. Auch wer keinen Platz für einen großen Teich mit natürlich gestalteten Uferpartien hat, sollte darauf nicht verzichten. Minimallösungen sind Vogelbäder oder als saisonale Kleinstgewässer auf Balkon oder Terrasse aufgestellte Mörtelwannen.
Nur in wenigen Fällen wird es möglich sein, vom Grundwasser gespeiste Teiche anzulegen. Normalerweise brauchen wir eine wasserdichte Sperrschicht und eine Zuleitung von oben. Für kleinere Gärten kommen vorgeformte Schalen aus Polyethylen (PE) oder glasfaserverstärktem Polyesterharz in Frage, die in Bau- und Gartenmärkten in verschiedenen Größen und Formen erhältlich sind. Individueller lässt sich mit Teichfolien gestalten. Dabei entstehen allerdings sehr flache Ufer und der Raumbedarf steigt schnell, wenn man eine gewisse Wassertiefe erreichen will. Um ein vollständiges Durchfrieren im Winter zu verhindern, sollten

Wichtig ist die Bepflanzung der Teichränder. Blutweiderich sollte nicht fehlen.

Gartenteiche eine Tiefe von wenigstens 80 Zentimetern aufweisen.
Wer einen größeren Folienteich bauen will, sollte sich vorher gut beraten lassen, um Fehler bei der Vorbereitung und Modellierung des

Frisch geschlüpfte Adonislibellen: An Teichen lassen sich viele spannende Beobachtungen machen.

Fließend Wasser – bei der Gestaltung sind der Fantasie keine Grenzen gesetzt.

Untergrunds und bei der Bepflanzung zu vermeiden. Weit einfacher ist der Einbau eines Fertigteiches. Überzeugte Naturgärtner werden hierin wegen der steilen Wände und zunächst unnatürlich anmutenden Ufer keine echte Alternative sehen. Trotzdem: Weil man wenig Platz braucht, wenig falsch machen kann und Fertigteiche eigentlich unverwüstlich sind, bieten sie eine einfache Möglichkeit, Wasser in den Garten zu bringen. Allerdings: Bauen Sie keine Badewannen ein, sondern entscheiden Sie sich für ein möglichst großes Volumen. Und achten Sie darauf, dass das eigentliche, tiefe Becken von einem breiten Rand umgeben wird, in dem in Flachwasserzonen Sumpfpflanzen wachsen können. Dann – und nur dann – wird eine üppige Vegetation den hässlichen Plastikrand bereits nach kurzer Zeit vergessen lassen. Dann bestehen auch Ausstiegsmöglichkeiten für Tiere, die unfreiwillig im Wasser gelandet sind und die in steilwandigen Becken leicht ertrinken.

Teiche unter Bäumen wirken zwar romantisch, doch belastet herbstlicher Blattfall den Nährstoffhaushalt stark. Auf der anderen Seite sollte man auch ganztägige Sonne vermeiden, damit sich das Wasser im Sommer nicht so stark aufheizt. Das Wasser kommt, wenn irgend möglich, von oben. Das nährstoffarme, kalkfreie Regenwasser ist Grund- oder Leitungswasser bei weitem vorzuziehen. Oft lässt sich das Hausdach über einen Abzweig vom Fallrohr als Sammelfläche nutzen, wobei der Zufluss zum Teich durch Rohre oder oberirdisch verlaufen kann. Auch in heißen Sommern gleichen Gewitterregen die Verdunstung dann schnell aus. Als Untergrund für Wasser- und Sumpfpflanzen wird feiner Kies benutzt – keine Erde, um übermäßigen Nährstoffeintrag zu verhindern. Der teichtypische Mulm bildet sich später von selbst durch eingeschwemmte Bodenteile und verrottende Pflanzen.

Pflanzen

Entscheiden Sie sich zu Beginn für eine spärliche Bepflanzung mit wenigen einheimischen

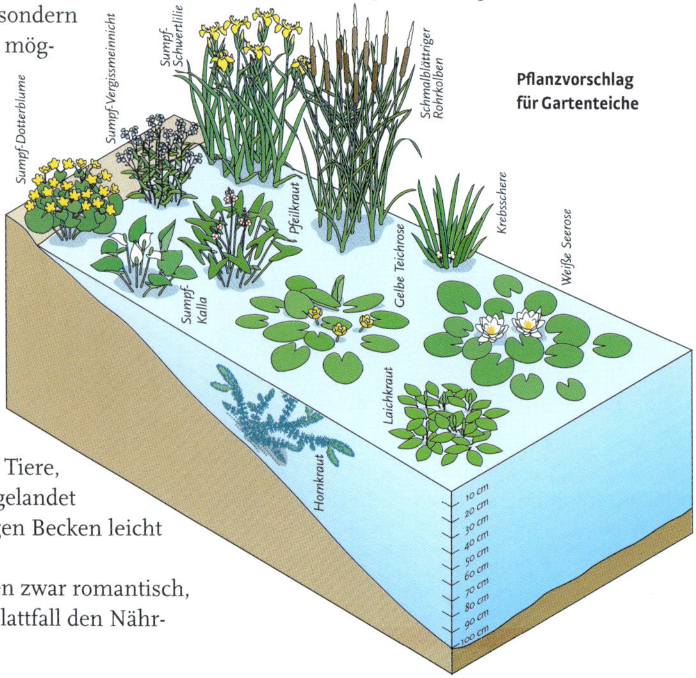

Pflanzvorschlag für Gartenteiche

Sumpf- und Wasserpflanzen, auch wenn der Teich zunächst sehr kahl wirkt. Ein, zwei Jahre später sieht die Sache schon anders aus! In der Uferzone sollte man auf die Sumpfdotterblume nicht verzichten, deren gelbe Blüten im Frühjahr besonders gerne von Insekten besucht werden. Später bieten Wasserminze, Wasserdost oder Blutweiderich Nahrung. Im etwas tieferen Wasser stehen Pflanzen wie Froschbiss, Pfeilkraut oder Schmalblättriger Rohrkolben. Unter Wasser bilden Hornblatt oder Tausendblatt große Bestände. Schwimmpflanzen wie die Krebsschere oder solche mit schwimmenden Blättern wie die unvermeidliche Seerose sollten nur einen kleinen Teil der Wasseroberfläche abdecken.

Welche Tiere?

Anschließend wird geimpft: Holen Sie sich ein paar Liter Wasser aus einem nahen Gewässer. Das genügt, um das zunächst sterile Regenwasser zu beleben. Mikroorganismen und Kleinkrebse, zu denen Wasserflöhe und Hüpferlinge gehören, haben ein enormes Vermehrungspotenzial. Wem es in den Fingern juckt, gleich etwas handfester nachzuhelfen und sich ein paar Frösche mitzubringen: Wer Tieren wirklich helfen will, wartet, welche Arten den Weg zum neuen Teich aus eigener Kraft finden (was auch den Vorteil hat, dass man nicht mit dem Gesetz in Konflikt kommt – alle heimischen Amphibien sind geschützt). Lange dauert das nicht. Wasserläufer (siehe S. 100) sind oft die Ersten. Sie treffen meist schon am selben Tag ein, gefolgt von anderen, höchst mobilen Insektenarten wie den Libellen, deren Larven im Wasser leben (siehe S. 97), Rückenschwimmern (siehe S. 100) oder Wasserkäfern. Schnecken und Muscheln wie die winzige Kugelmuscheln werden ebenso wie andere Wirbellose oft als Jungtiere mit Wasserpflanzen eingeschleppt. Ob Molche und Frösche in der Umgebung patrouillieren, merkt man dagegen meist erst im nächsten Frühjahr, wenn sie sich zur Laichzeit einfinden. Wenn nicht: Helfen Sie nicht nach.

Fische, bevorzugt Goldfische, sind auch heute noch Wahrzeichen vieler Gartenteiche. Wollen Sie etwas für die heimische Tierwelt tun, verzichten Sie darauf ebenso wie auf exotische Schildkröten oder dergleichen. Natürliche Tümpel dieser Größe sind fischfrei. Amphibieneier, Molchlarven und Kaulquappen, Wasserinsekten und deren Larven – alles Fischfutter!

Teiche sind sehr dynamische Systeme. Nicht immer entwickeln sie sich genau nach Plan. Vor allem Algen werden immer wieder als Problem gesehen. Allerdings gehören sie zum Ökosystem Teich. Massenvermehrung von einzelligen Algen (Algenblüten) können klares Wasser kurzfristig in eine grüne Brühe verwandeln. Im gut eingespielten Teich lassen Mikroorganismen und Planktonkrebse wie Wasserflöhe es meist nicht dazu kommen. Starkem Wachstum von Fadenalgen lässt sich vorbeugen, indem möglichst wenig Nährstoffe eingebracht werden. Also: Keine Erde, nur Regenwasser. Stören die Algen, werden sie einfach abgefischt und kompostiert. Auf eine chemische Bekämpfung muss unbedingt verzichtet werden. Sie schädigt in der Regel auch andere Wasserpflanzen und wirbellose Tiere.

Über und unter Wasser: Rotkehlchen und Spitzschlammschnecke

Leben am Komposthaufen

Kohlstrünke, Salatblätter, Kartoffelschalen – solche Rest aus der Küche sind für viele Tiere ein gefundenes Fressen. Organische Küchenabfälle sind ebenso wie bei der Gartenarbeit anfallendes Schnitt- oder Mähgut oder der Mist und die Einstreu von Haustieren viel zu schade, um im Mülleimer versenkt und weggebracht zu werden. Die Kompostierung verschafft vielen Tieren Lebensunterhalt. Das von ihnen hergestellte Endprodukt, der fertige Kompost, kommt als optimaler Dünger wieder auf die Beete.

Manche Gärtner betreiben Kompostierung fast als (Geheim-)Wissenschaft. Dabei ist das Prinzip sehr einfach: Die organischen Reste werden so aufgehäuft, dass sowohl Feuchtigkeit als auch Sauerstoff Zutritt haben. Eine vielfältige Mischung, zu der auch Laub und kleine Zweige gehören, hält den Komposthaufen locker und verhindert, dass sich die Masse zu stark verdichtet (sonst droht Gärung, typisch zum Beispiel, wenn Rasenschnitt in zu dicker Schicht aufgehäuft wird). Ein Schnitt durch den Komposthaufen am Ende eines Gartenjahres zeigt die Prozesse, die ablaufen: oben frische Abfälle, in der Mitte die deutlich wärmere, leicht anrüchige „Arbeitszone“, unten dunkler, angenehm riechender Kompost. Wird nun das Unterste nach oben gekehrt, erhält man bis zum nächsten Herbst homogenen Kompost.

Die meisten organischen Haushaltsabfälle lassen sich kompostieren.

Links: Asseln sind wichtige Zersetzer pflanzlichen Materials.

Erdkröten finden im Kompost nächtens Nahrung und tagsüber Verstecke.

Währenddessen erzeugt der laufende Betrieb natürlich einen zweiten Haufen. Die Recyclingstation braucht also schon ein bisschen Platz. Der findet sich meist in der abgelegensten Gartenecke, was auch die gelegentlich (vor allem bei der Entsorgung von Speiseresten) auftretende Geruchsbelästigung klein hält. Besonders günstig ist eine Lage im Halbschatten.

Wimmelndes Leben

Ein Blick ins Zentrum des Komposthaufens zeigt wimmelndes Leben: Springschwänze, Asseln (siehe S. 117) und Schnurfüßer (siehe S. 118), Fliegen- und Käferlarven und eine Unmenge von Kompostwürmern (siehe S. 119) fressen und zerkleinern Pflanzenteile. Bruchstücke und Kotkrümel werden von noch kleineren Tieren und schließlich von Pilzen und Bakterien weiter verarbeitet. Aus einer großen Menge organischer Abfälle entsteht am Ende der Kette eine kleine Menge nährstoffreicher Humus. In ihm finden sich statt der Kompostwürmer nun richtige Regenwürmer (siehe S. 119), die aus dem darunter liegenden Boden eingewandert sind. Nicht selten fallen einem beim Umsetzen im dunklen Humus auch dicke Engerlinge in die Hände. Sie stammen nicht vom Maikäfer, sondern sind die Larven der großen, grün schillernden Rosenkäfer (siehe S. 103).

Die Menge an Kleintieren (und auch die bei der Verrottung entstehende Wärme) machen den Komposthaufen attraktiv für eine ganze Reihe von Jägern. Die ewig hungrigen Spitzmäuse (siehe S. 72) sind dort häufig unterwegs. Igel entdecken sowohl unter den Abfällen als auch unter den Abfallverarbeitern Fressbares. Wer am Stadtrand wohnt, kann mitunter sogar mit Wildschweinbesuch rechnen, während nächtlich streunende Füchse (siehe S. 77) selbst mitten in Großstädten unterwegs sind. Tagsüber werden zahlreiche Vögel wie Amseln (siehe S. 85), Krähen oder Elstern (siehe S. 89) angezogen. Wald- und Feldmäuse (siehe S. 75) bauen ihre Nester gelegentlich direkt in die ergiebigen Speisekammern. Vor allem wenn häufig Essensreste entsorgt werden, muss man allerdings auch mit Wanderratten (siehe S. 75) rechnen. Deren schlechtes Image ist für viele ein Grund, ganz auf eine Kompostierung zu verzichten oder sie in weitgehend abgeschlossenen Schnellkompostern aus Kunststoff durchzuführen. Bleiben wir gelassen: Eine Ratte ist keine Katastrophe. Um sie loszuwerden, genügt es meist, eine Zeitlang keine Essensabfälle mehr zu entsorgen.

Ohne Pflege

Ganz wörtlich ist die Überschrift nicht zu nehmen. Denn wo die ordnende Hand des Menschen vollständig fehlt, entsteht in Mitteleuropa früher oder später Wald. Ein paar vom Eichhörnchen deponierte und später vergessene Haselnüsse, Bucheckern oder Eicheln, einige vom Winde verwehte Ahorn- oder Birkensamen genügen.

Andererseits juckt es vielen in den Fingern, sobald sie auf verunkrautete Ecken, Laubhaufen, abgestorbene Äste, dürre Zweige oder verblühte Blütenstände stoßen. Der Garten scheint nach Pflege und Ordnung zu schreien. Kreischende Kettensägen, lärmende Schredder und Häcksler, heulende Laubsauger und Flammenwerfer zur Bekämpfung der Pflasterritzenvegetation sind manchem Gartenbesitzer liebgewordene Utensilien im Kampf gegen die

Warum nicht mal stehen lassen? Brennnesseln in der hintersten Gartenecke

Die Raupen des Kleinen Fuchses fressen Brennnesseln.

Natur. Das Ergebnis lässt sich oft nur mit dem bösen Schlagwort vom „grünen Beton" beschreiben: pflegeleicht, aufgeräumt, weitgehend leblos.

Das ist, zugegeben, etwas überspitzt formuliert. Trotzdem lenkt es den Blick auf das Wesentliche: Natürliche Prozesse müssen in jedem Garten gesteuert werden. Auch im so genannten Naturgarten wird laufend behutsam eingegriffen, um die künstliche Vielfalt der Lebensräume und der Flora zu erhalten. Sich selbst überlassen, ist in wenigen Jahren Schluss mit dem lebendigen Mosaik. Auf den meist kleinen Gartengrundstücken setzt sich schnell eine ziemlich einheitliche Vegetation durch.

Das Schlüsselwort bei der Gartenpflege heißt „behutsam". Veränderungen sollten wenn möglich sukzessive und kleinräumig stattfinden. So bleiben für Tiere immer genügend Rückzugsgebiete, von denen aus eine Wiederbesiedlung stattfinden kann. Rabiate und flächendeckende Eingriffe sind für viele Tiere Katastrophen. Man braucht nicht viel Fantasie, um sich vorzustellen, was eine Assel empfindet, die mitsamt ihrem ganzen Lebensumfeld vom Laubsauger verschlungen wird.

Streuschicht

Unter Sträuchern und Bäumen sammelt sich Streu – unter laubwerfenden Pflanzen mehr, unter immergrünen weniger. Über die Streu geben die Pflanzen dem Boden einen Teil der Nährstoffe zurück, die sie ihm entzogen haben: Natürliche Kompostierung, die weitgehend von denselben Tieren besorgt wird, die dies auch im Komposthaufen erledigen (siehe S. 42). Regenwürmer spielen eine ganz entscheidende Rolle. Sie ziehen Blätter in ihre Gänge und fressen sie später.
Es sind also die Kleintiere in der Streu und der obersten Bodenschicht, die für das Recycling zuständig sind. Wird die Streu entfernt, kommt der Kreislauf ins Stocken. Dem ganzen System werden Nährstoffe entzogen, und wo weniger zu verarbeiten ist, leben auch weniger Arbeiter. (Nebenbei bemerkt: Die Streunutzung, bei der ganze Wälder besenrein gefegt wurden, um die Ställe mit Laub auszulegen, hat ganz wesentlich zur fast völligen Zerstörung der Wälder im Mittelalter beigetragen.)
Wo irgend möglich, sollte die Streuschicht also nicht angetastet werden. Natürlich müssen Rasenflächen und Wiesen im Herbst gerecht werden, weil das Gras unter den Blättern abzusterben droht – das Laub landet dann auf dem Komposthaufen – aber unter Heckenpflanzen und Bäumen sollte die Streu liegen bleiben

Abfallendes Laub muss nicht überall gleich weggerecht werden.

dürfen. Dafür, dass sich keine Berge ansammeln, sorgen die kleinen tierischen Humusproduzenten schon.
Von einer intakten Streuschicht profitieren nicht nur die Humushersteller selbst, sondern auch zahlreiche weitere Tiere. Zunächst solche, die zwischen den abgefallenen Blättern Jagd machen wie zum Beispiel der Steinläufer (siehe S. 118) oder viele Laufkäfer. Dann auch zahlreiche größere wie Mäuse (siehe S. 75) und Spitzmäuse (siehe S. 72), Grasfrösche (siehe S. 96), Erdkröten (siehe S. 96) und Blindschleichen (S. 94), die hier sowohl Nahrung als auch Deckung finden. Vielc Vögel nutzen die Streu, die auch im Winter noch reichlich Futter birgt. Rotkehlchen (siehe S. 83) drehen systematisch Blätter um, wenn sie auf der Suche nach Insekten und Spinnen sind. Amseln (siehe S. 85) finden im feuchten Falllaub noch Würmer, wenn diese sich auf offenen Flächen längst zurückgezogen haben.

Totholz

Das düstere Wort „Totholz“ hat in den Ohren von Naturschützern einen guten Klang. Unglaublich viele Arten sind darauf spezialisiert, abgestorbenes Holz abzubauen. Das wundert wenig. Schließlich ist Mitteleuropa von Natur aus ein Waldland, in dem seit jeher riesige Mengen totes Holz anfallen. Es lohnt sich also, sich diese Nahrungsquelle zu erschließen. Weil Holz sehr lange braucht, bis es schließlich zerfällt, können es auch Arten mit langer Entwicklungszeit wie manche Bock- und Hirschkäferarten nutzen, deren Larven mehrere Jahre benötigen, bis sie sich verpuppen. Oft werden auch Besiedler frisch abgestorbenen Holzes von solchen abgelöst, die eher zerfallendes mögen.
Eines wird aus der weitgehenden Spezialisierung vieler Totholzbewohner klar: Von einem abgestorbenen Ast oder einem hohlen Stamm geht keine Gefahr für gesunde Bäume aus.

Holz wird im Lauf vieler Jahre von Tieren zersetzt.

Lassen wir ihn stehen, haben wir natürliche Bruträume für Höhlenbrüter wie zum Beispiel Meisen (siehe S. 87), Stare (siehe S. 90) oder den Gartenrotschwanz (siehe S. 84), Schlupfwinkel für Fledermäuse (siehe S. 73, 74), Siebenschläfer (siehe S. 74) oder Hornissen (siehe S. 107). Allmählich besiedeln Käfer und andere Insekten den Stamm. Ihre Larven bohren sich durch das tote Holz. Schlüpfen sie, hinterlassen sie an der Oberfläche Löcher und damit Wohnungen für Wildbienen (siehe S. 35, 110). Gelegentlich kommt nun auch der Buntspecht (siehe S. 81) und legt mit seinem Meißelschnabel Larven frei.

Balkenschröter oder Zwerghirschkäfer: Seine Larve lebt in Totholz.

Allerdings stellen absterbende Bäume auch eine Gefahr dar. Schließlich weiß man nie, wann Äste brechen. Aber auch wenn man sicher gehen will und brüchige Äste kappt, kann man wenigstens den unteren Bereich des Stamms stehen lassen. Stürzt auch dieser endlich nach Jahren, gehört er immer noch nicht in den Schredder. Schließlich dient er nach wie vor als Kinderstube vieler Insekten, die erst später schlüpfen. In einer ruhigen Gartenecke gelagert, bietet er bis zum vollständigen Zerfall Nahrung und Deckung für zahlreiche Bodentiere. Liegt er im feuchten Schatten einer Hecke, werden sich eher die Tiere der Streuschicht seiner bemächtigen (siehe S. 45). In der Sonne dauert der Zerfall länger. Hier dient er Eidechsen und zahlreichen Insekten wie Schmetterlingen, Libellen, Heuschrecken oder Fliegen als Platz an der Sonne.

Steine, Sand und Pflasterritzen

Steine – wenn möglich, aus der Umgebung stammende Natursteine – können sehr vielfältig eingesetzt werden. Ordentlich geschichtet lassen sie sich zu Trockenmauern verarbeiten (siehe S. 33). Unordentlicher sehen Steinhäufen aus, wie sie in vielen steinreichen Mittelgebirgen als Lesesteinhäufen oder -wälle die Äcker säumen. Bald mit Flechten und Moosen bewachsen, mit reichlich Lücken versehen und von Hohlräumen durchzogen, bieten sie vielen Tieren ein Zuhause. Liebhaber der Feuchtigkeit und der Dämmerung wie Weinbergschnecke (siehe S. 121), Blindschleiche (siehe S. 94), Erdkröte (siehe S. 96) oder Feuersalamander können sich tagsüber ins kühle Innere zurückziehen. Sonnenanbeter wie die Zauneidechsen (siehe S. 94) verstecken sich bei Kälte und Gefahr. Hausspinnen legen Fußangeln in Winkeln, Zebraspinnen gehen auf Jagd, Weberknechte staksen herum (siehe S. 116, 117). Überaus wertvoll sind besonnte, vegetationsfreie Flächen, auf denen Wildbienen, Weg- und

Offene Bereiche an warmen Stellen geben vielen Kleintieren eine Chance.

Grabwespen und Ameisenlöwen bauen können. In Gemüse- und Staudenbeeten liegt der Boden zwar oft zutage; häufige Bearbeitung verhindert aber eine Ansiedlung von Tieren. Die Ränder der Gartenwege bieten sich eher an, noch mehr aber weniger stark begangene Einfahrten und Stellplätze, wo zwischen den Fahrspuren Freiräume für die Bodenbewohner zur Verfügung gestellt werden können. Voraussetzung ist ein leichter, sandiger oder sandiglehmiger Boden und eine entsprechende Pflege, die verhindert, dass sich eine geschlossene Pflanzendecke bildet. Bei schweren Böden empfiehlt sich die Anlage eines Sandbeetes (siehe S. 36).
Apropos Fahrspuren: Die großflächige Versiegelung ist ein Problem aller städtischer Lebensräume. Niederschläge fließen vermehrt oberflächlich ab, anstatt im Boden zu versickern. Wer seine asphaltierte Einfahrt entsiegelt, tut mit oder ohne Schaffung von zusätzlichen Lebensräumen für seltene Insekten ein gutes Werk. Mit Rasensteinen lässt sich der Einfahrt ein grünes Kleid verpassen und selbst Pflasterritzen verfügen über eine spezielle Vegetation aus Moosen und Samenpflanzen und werden von Kleintieren besiedelt.

Grenzenlos

Gärten gehören zum „Revier“ der Hausbewohner. Sie zu betreten bedeutet meist bereits ein nur Freunden gestattetes Eindringen in die Privatsphäre. Deshalb wohl unsere Gewohnheit, die Grenze dieses Bezirks deutlich zu machen, den Garten zu umzäunen.

Tiere allerdings kennen keine Grenzen. Die Dimensionen eines Hausgartens genügen bei weitem nicht, um tragfähige Populationen zu beherbergen. Der Aktionsradius der meisten Tiere geht weit darüber hinaus. Ein Igel hat ein Streifgebiet, das mehrere Hektar umfasst und legt jede Nacht Kilometer zurück. Auch eine Kohlmeise braucht und verteidigt ein Revier von meist wesentlich mehr als einem Hektar (100 × 100 Meter), um sich und ihre Brut zu ernähren. Selbst Insekten kommen mit der Fläche eines Gartens nicht aus. Besonders deutlich wird das an Schmetterlingen wie Tagpfauenauge (siehe S. 112) oder Taubenschwänzchen (siehe S. 111), die sich mangels geeigneter Raupennahrung nur selten in Gärten entwickeln, aber regelmäßig dort erscheinen. Damit wird klar: Bedeutung für den Naturschutz erhalten Gärten erst im Verbund. Nur dann können sie hinreichenden Populationen Heimat bieten. Eine Population besteht aus Individuen, die miteinander in genetischem Austausch stehen. Dazu müssen sie sich treffen können. Dem aber stehen Zäune und andere Umgrenzungen entgegen. Wer Flügel hat, ist davon nicht betroffen, wohl aber die Fußgänger. Ein Gartenteich kann noch so schön sein, die Frösche in der Nachbarschaft noch so laut quaken: Ein niedriger Betonsockel unter dem Lattenzaun genügt, um den Hüpfern den Weg zu einem neuen Laichplatz zu versperren. Blindschleichen geht es nicht besser, und auch Spitzmäuse sind oft nicht in der Lage, solche Hindernisse zu erklimmen. Maulwürfe auf Wanderschaft, etwa Jungtiere, die sich, von ihren Eltern vertrieben, ein neues Revier suchen müssen, krabbeln oft die ganze Straße am Bordstein entlang, bis sie endlich eine Lücke finden. Igel, eigentlich gar keine schlechten Kletterer, scheitern am Maschendraht oder an zu eng stehenden Zaunlatten. Lediglich Hauskatzen, die mancher angesichts ihrer Jagdleidenschaft gerne aussperren würde, schaffen es fast über jeden Zaun.

Gerade noch geschafft: Ein Igel quetscht sich durch einen Lattenzaun.

Hecken sind lebendige Alternativen zu Maschendrahtzäunen.

Ich möchte hier nicht zum Niederlegen aller trennenden Zäune aufrufen, aber zur Schaffung passierbarer Grenzen. Also Stellen, an denen die Zaunlatten Durchschlupf für Tiere bis Igelgröße gestatten (Wildschweine wollen wir an dieser Stelle nicht zum Maßstab machen). Wo betonierte Sockel das Grundstück umgeben, können kleine Rampen zur Lücke im Zaun führen. Oder man bietet Tunnel, ähnlich den Röhren, die wandernde Kröten sicher unter Straßen durchleiten.

Hecken statt Zäune

Natürlich gibt es auch Alternativen zum konventionellen Zaun. Sie brauchen zwar gewöhnlich etwas mehr Platz, sind aber oft ästhetisch befriedigender. Eine Hecke zum Beispiel bietet mehr als jeder Zaun: Sichtschutz, Windschutz, Durchgängigkeit, außerdem auch Brut- und Nahrungsraum für zahlreiche Tiere. Als Heckenpflanzen kommen einige heimische Arten in Frage, in erster Linie die Weiß- oder Hainbuche, der Feldahorn oder der Liguster. Alle lassen sich gut in Form schneiden. Hecken aus Nadelbäumen sehen nur wenige Jahre gut aus. Lediglich Eiben ertragen den regelmäßigen Rückschnitt, sind aber hoch giftig und deshalb im Siedlungsbereich problematisch. Die beliebten immergrünen Thujahecken lassen sich zwar leicht bearbeiten, sind aber biologisch weitgehend wertlos.
Eine zweite Möglichkeit: Frei stehende, „zweiseitige" Trockenmauern (in die man eine Durchschlupfmöglichkeit für Igel einbaut). Solche wallartigen Mauern lassen sich zwar nicht sehr hoch auftürmen, kombinieren aber eine deutliche Grundstücksabgrenzung mit den vielfältigen Vorteilen lückenreicher Steinhaufen und Mauern (siehe S. 33). Je nach Geschmack lassen sich solche Mauern „pur" genießen oder mit Pflanzen wie Fetthenne oder Hauswurz versehen. Letzteres können Sie durch eine erdbedeckte Mauerkrone fördern. Bis sich die klassischen Mauerblümchen wie das Zymbelkraut von selbst ansiedeln, vergeht allerdings viel Zeit. Die ersten Mauerrauten (ein typischer Farn) können Sie gar erst nach 40 Jahren erwarten.
Übrigens: Sollten Sie einen Gartenteich haben, müssen Sie Garten oder Teich so abgrenzen, dass Kleinkinder nicht ohne weiteres Zutritt haben. Schutz vor Ertrinken bieten aber auch knapp unter dem Wasserspiegel eingezogene Baustahlmatten.

Offenes Haus

Naturschutz im Garten muss nicht an der Hausfassade enden. Zahlreiche Tiere besuchen uns auch gerne in unseren vier Wänden. Viele, weil ihnen Wärme und Trockenheit zusagen – darunter zum Beispiel über 300 Insektenarten, die in Mitteleuropa nur in beheizten Räumen überleben können – viele, weil sie Ruheplätze für den Tag, die Nacht oder den Winter suchen. Zwar sind solche „Haustiere" im Wohnbereich nicht jedermanns Sache. Wem ein paar Spinnweben in den oberen Zimmerecken nichts ausmachen, sollte aber wenigstens seinen Frieden mit der Zitterspinne (siehe S. 115) machen, die sich mit dem Fang von Stechmücken revanchiert.
Wesentlich attraktiver für Tiere sind aber natürlich Dachböden und Keller. Sie ersetzen die mancherorts nicht mehr zugänglichen, stark gestörten oder ganz fehlenden Fels- und Baumhöhlen. Und weil beide Bereiche – Boden und Keller – keine sind, an denen sich unsere Wege mit denen tierischer Mitbewohner allzu oft kreuzen oder peinliche Sauberkeit herrschen muss, können wir uns dort ein bisschen Toleranz ruhig leisten. Die meisten Keller sind allerdings auch nicht mehr, was sie einmal waren: feuchte Gewölbe mit Lehmboden und dadurch natürlichen Höhlen nicht unähnlich. Wer noch über einen solchen Gewölbekeller verfügt, findet dort eine typische Fauna mit beziehungsreichen Namen: Kellerkäfer, Kellerspinne, Kellerassel, Kellerschnecke oder gar Weinkellermotte. Ein schmaler Zugangsschlitz (fünf Zentimeter hoch, 40 Zentimeter breit) oder eine offene Fensterluke genügen, um seltenen Fledermausarten Zugang zu einem Quartier zu schaffen, in dem sie ungestört überwintern können. Aber, wie gesagt, moderne Keller sind zu trocken und zu warm. Hier sind meist nur Hausspinnen (siehe S. 116) unterwegs, die wir nach Möglichkeit unbehel-

Schleiereulen brüten gerne in Dachstühlen alter Gebäude.

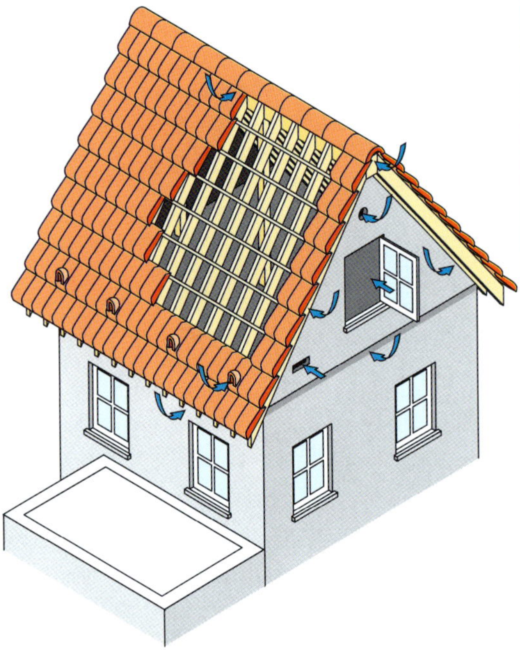

Kleine Öffnungen erschließen Insekten und Fledermäusen den Dachstuhl.

ligt lassen. Lichtschächte vor im Boden versenkten Kellerfenstern sind übrigens, auch wenn sie mit einem Gitterrost abgedeckt sind, Todesfallen für Tiere bis zur Größe einer Spitzmaus oder Erdkröte. Über schräge Aufstiegsbretter können sie die Freiheit wieder gewinnen.
Nicht ausgebaute Dachböden finden sich in weit größerer Zahl als Gewölbekeller. Sie werden ebenfalls gerne von Fledermäusen genutzt, allerdings von anderen Arten, die hier ihre Sommerquartiere aufschlagen (siehe S. 73).
In ländlichen Gegenden mit genügend Freiflächen für die Mäusejagd nutzen auch Schleiereulen große Dachböden. Will man verhindern, dass sie sich dort völlig frei bewegen, empfiehlt sich ein Nistkasten, der über eine Öffnung von etwa 10 × 20 Zentimetern Größe von außen zugänglich ist. Der Kasten selbst ist mit einer Breite von 100 Zentimeter und einer Höhe und Tiefe von je etwa 50 Zentimeter groß genug, um die in mäusereichen Jahren sehr kopfstarke Eulenfamilie aufzunehmen.
Neben Fledermäusen und Schleiereulen sind es vor allem kleine Tiere, die Zugänge zum Dachboden schätzen. Tagpfauenaugen (siehe S. 112) gehören zu den Schmetterlingsarten, die als Falter überwintern. Aber auch im Sommer ziehen sie sich gerne für einige Wochen aus dem Verkehr. Man findet sie dann zusammengeklappt an einem Dachsparren hängen, durch ihre schwarze Flügelunterseite hervorragend getarnt. Einige Fliegenarten, Florfliegen (siehe S. 102) und Marienkäfer (siehe S. 103), die beiden Letzteren wichtige Helfer bei der biologischen Blattlausbekämpfung, verbringen den Winter ebenfalls gerne im Dachstuhl. Herein kommen sie durch alle möglichen Ritzen zwischen Ziegeln und Balken; um herauszukommen, streben sie zur auffälligsten Lichtquelle – und verenden oft in großer Zahl am Giebelfenster. Hier hilft es, ein Fenster durch einen Lamellenladen zu ersetzen. Wer Zugang zum Dachboden schafft, muss aber natürlich auch mit Wespen rechnen, die ihre runden Papiernester an Dachlatten hängen, oder gar mit Hornissen (siehe S. 107). Wenn Sie selbst nicht ständig in der Nähe des Nestes unterwegs sein müssen, dürfte das kein Problem darstellen. Ohnehin bestehen Wespenstaaten nur einen Sommer und werden im folgenden Jahr auch nicht mehr bezogen. Abwarten ist also eine sichere Methode. Sind Konflikte vorprogrammiert, wenden Sie sich zwecks Umsiedlung (der Hornissen) an die zuständige Naturschutzbehörde.

In Häusern überwinternde Florfliegen färben sich braun.

Mit geschlossenen Flügeln fallen die bunten Tagpfauenaugen kaum auf.

Pflanzen für Tiere

Gut sortierte Gärtnereien und die bunten Kataloge des Versandhandels versprechen „alles für den Garten“: trittfesten Rasen, robuste und pflegeleichte Büsche und bunte Staudenbeete, bei denen Pflanzengröße, Blühzeiten und Farbkombinationen für ein harmonisches Gesamtbild sorgen. Eine Augenweide, aber auch eine solche für Tiere?

Grünfinken sind als Vegetarier auf Samen angewiesen.

Nahrungsspezialisten

Die richtige Pflanzenauswahl ist der Schlüssel zur Vielfalt im Garten. Nicht nur, weil wir damit Versteckmöglichkeiten, Ruhe- und Brutplätze schaffen, sondern weil wir damit auch bestimmen, wer im Garten Nahrung findet. Essen muss schließlich jeder. Aber nicht jeder isst das gleiche.

Artenvielfalt entstand im Lauf der Evolution des Lebens durch Spezialisierung. In jedem Ökosystem kommen zum Beispiel zahlreiche Tierarten vor, die sich von Pflanzen ernähren. Eine genauere Untersuchung fördert zutage, dass jede Tierart nur bestimmte Pflanzenarten nutzt, manchmal gar nur einzelne Teile einer Pflanze. Ein Beispiel: Die Raupen des Schwalbenschwanzes fressen die Blätter der Mohrrübe und einiger nah verwandter Pflanzenarten, die des Tagpfauenauges Brennnesseln, die des Taubenschwänzchens: Labkraut, und was Kohlweißling- und Distelfalterraupen lieben, verrät bereits der Name. Auch der „Wurm", den wir aus dem Apfel kennen, ist die Larve eines kleinen Schmetterlings, des Apfelwicklers. Bei Insekten sind solche speziellen Vorlieben besonders auffällig. Wir finden sie aber überall. Ein Beispiel aus der Vogelwelt sind die körner- und samenfressenden Finken (siehe S. 91–93), die mit ihren unterschiedlich geformten Schnäbeln ganz verschiedene Pflanzen ausbeuten.

Der große Vorteil einer solchen Spezialisierung: Man vermeidet Konkurrenz. Der große Nachteil: Ohne die richtige Futterpflanze läuft gar nichts. Die engen Beziehungen zwischen Tier und Pflanze entwickelten sich über so lange Zeiträume, dass Ausweichen auf Ersatznahrung nur in wenigen Fällen gelingt.

Brennnessel muss es sein: Raupen von Tagpfauenauge und Kleinem Fuchs

Made in Germany

In jedem zweiten Garten stehen sie. Im März, wenn alles andere noch kahl ist, leuchten weithin die gelben Büsche der Forsythien. Ihre weite Verbreitung verdanken die aus China stammenden Ziersträucher unserem im Winter wachsenden Hunger nach Blumen und Farben. Für Insekten dagegen ist die gelbe Pracht wenig attraktiv. Honigbienen lassen sie ebenso links liegen wie die aus der Winterstarre erwachten Hummelköniginnen (siehe S. 110), Schwebfliegen (siehe S. 105) oder Tagpfauenaugen (siehe S. 112). Sie ziehen die gleichzeitig, aber etwas unauffälliger gelb blühende Kornelkirsche vor. Diese bietet etwas, das der Forsythie fehlt: Nahrung.

Das entscheidende Schlagwort steht in der Überschrift. Ein Garten für Tiere enthält überwiegend in Mitteleuropa heimische Pflanzenarten, wenn möglich sogar solche, die auch in der näheren Umgebung wachsen. Und zwar ganz einfach deshalb, weil viele unserer Tierarten mit fremdländischen Gewächsen nichts anfangen können. (Nahrungs-) Beziehungen zwischen Pflanzen und Tieren wachsen über Jahrtausende und nicht über Nacht. Lediglich Arten, die sehr wenig spezialisiert sind, können auch von Importen profitieren. Ein typisches Beispiel sind die Wolken von Schmetterlingen an den Blütenständen des aus China und Tibet stammenden Sommerflieders (*Buddleja*). Tagpfauenauge, Kleiner Fuchs, Admiral und Distelfalter (siehe S. 112, 113) bestimmen das Bild. Sie alle sind dafür bekannt, dass sie als Falter wenig anspruchsvoll sind, weit umherstreifen und alles besuchen, was Nektar bietet. Irgendwelche Schmetterlingsraupen wird man am Sommerflieder dagegen vergeblich suchen – und langfristig ist die Frage der Nahrung für Nachkommen die Entscheidende für das Überleben einer Art. In ihren Herkunftsgebieten sind die exotischen Gewächse natürlich ebenso in Nahrungsnetze eingebunden wie die hiesigen hier. Gelegentlich leiden sie hierzulande unter „mitgebrachten“ Schädlingen, die sich mangels natürlicher Gegenspieler dann hemmungslos vermehren. Ein Beispiel ist die Rhododendronzikade, die vor einigen Jahrzehnten mit Pflanzen aus Nordamerika importiert wurde. Sie legt ihre Eier in Blütenknospen, saugt an Blättern und Trieben und begünstigt überdies die Infektion mit einem Knospenfäule verursachenden Pilz.

Blühende Forsythien sind für Insekten nicht attraktiv.

Sommerflieder ziehen Schmetterlinge geradezu magisch an.

Fazit: Die konsequente Förderung heimischer Gewächse ist eine der effektivsten Methoden, auch der heimischen Tierwelt zu helfen. Das kann gezielt geschehen. So wurden in meinem Garten mit der Großen Fetthenne und der Hauswurz auch zwei gefährdete Schwebfliegenarten heimisch, deren Larven nur in den Blättern dieser Pflanzen leben. Das klappt aber auch ohne Kenntnis der genauen Bedürfnisse jeder Art. Zu den ganz besonders reichen Gärten gehören solche, bei deren Anlage und Pflege gar nicht die Tiere, sondern die Vielfalt heimischer Pflanzen im Vordergrund stehen. Der Rest ergab sich von alleine.

Woher aber nehmen? Die Auswahl an heimischen Pflanzen ist in vielen Gärtnereien mager. Zudem ist Vorsicht geboten: Vieles ist züchterisch verändert. Besonders beliebt (bei Gärtnern, nicht bei Insekten) sind gefüllte Varianten, bei denen statt Staubblättern weitere Blütenblätter ausgebildet sind. Auf solche Kornblumen, Sumpfdotterblumen oder Rosen können wir getrost verzichten. Bleibt der Bezug von Saatgut oder Pflanzen über eine der wenigen Gärtnereien, die sich auf Wildpflanzen spezialisiert haben. Oder tauschen Sie Ableger mit Gleichgesinnten. Auch eine Entnahme aus der Natur ist möglich, allerdings sind ihr durch Natur- und Artenschutz enge Grenzen gesetzt. Schonender ist es, Stecklinge zu pflanzen und hier und da Wildpflanzensamen mitzunehmen.

Wie immer: Allzu puristisch sollten wir bei all dem aber nicht sein. Vögel im Winter und solche, die früh mit der Brut beginnen, schätzen die Deckung eines dichten immergrünen Gewächses sehr. Und des Vergnügens, Schmetterlinge an ihrer „Tankstelle“ am Sommerflieder zu beobachten, brauchen wir uns auch nicht zu berauben.

Kornelkirsche, im Frühjahr in üppiger Blüte, im Herbst fruchtend

Hecken und Gebüsche

Gebüsche gliedern Gärten, geben ihnen Tiefe und grenzen sie ab. Sie spenden Schatten und bieten Schutz vor Sonne und Wind. Gleichzeitig passen sie auch in den kleinen Garten. Viele heimische Gehölze lassen sich zurückschneiden oder gar auf Stock setzen (das heißt, eine gute Handspanne über dem Erdboden kappen), ohne es übel zu nehmen. So kann man leicht verhindern, dass üppig wucherndes Gebüsch die Freiflächen im Garten zu sehr einengt. Aus manchen Arten können wir schmale grüne Wände formen – Hecken, die Zäune ersetzen (siehe S. 48).
Mit den Wildsträuchern kommen die Vögel in den Garten. Sie finden dort nicht nur gut geschützte Brutgelegenheiten, sondern auch Nahrung in Hülle und Fülle. Der Holunder in meinem Garten ist ein Zoo für sich. Im Frühjahr sind es die duftenden gelblich weißen Trugdolden, die unzählige Insekten anlocken, darunter den großen Gold-Rosenkäfer, dessen Larven im Kompost leben (siehe S. 103). An den saftigen Trieben und jungen Blättern saugen Blattläuse zuhauf, leichte Beute für zahlreiche Jäger wie die Larven der Schwebfliegen (siehe S. 105), der Florfliegen (siehe S. 102) oder der Marienkäfer (siehe S. 103). Auch Blaumeisen (siehe S. 87) sammeln, an dünnen Zweigen turnend, Blattläuse ein, Hausrotschwänze (siehe S. 84) suchen im Rüttelflug die Blütenstände ab, Mönchsgrasmücken (siehe S. 85) stellen den Insekten im Inneren nach. Im Herbst wird der Holunder noch attraktiver für Vögel: Die dunklen Beeren sind ein gefundenes Fressen für Spatzen und Amseln, Meisen und Grünfinken. Grasmücken und Rotschwänze machen sich mit der zuckerreichen Kost fit für den herbstlichen Vogelzug. Bei über 60 heimische Vogelarten stehen Holunderbeeren auf der Speisekarte. Und wächst mir der Holunder schließlich zu weit über den Kopf, fallen beim Rückschnitt markreiche Triebe an, aus denen sich leicht Wohnungen für Wildbienen herstellen lassen (siehe S. 34). Nebenbei bemerkt: „Fliedersekt" oder „Fliedertee" aus Holunderblüten und Saft oder Gelee aus Beeren ersetzen eine halbe Hausapotheke.

Ein Haselnussstrauch lockt im Herbst Eichhörnchen in den Garten.

Heimische Heckenpflanzen – eine Auswahl

Neben dem Holunder *(Sambucus nigra)* bieten sich einige heimische Arten an, die nach Belieben kombiniert werden können. Abraten möchte ich nur von einer Art: Schlehen oder Schwarzdorn *(Prunus spinosa)* sind so konkurrenzkräftig, dass sie andere leicht verdrängen. Und die überaus dornigen Gewächse in ihre Schranken zu verweisen ist gar nicht so einfach. Bevor Sie pflanzen, denken Sie daran, dass aus kleinen Stecklingen innerhalb weniger Jahre voluminöse Gebüsche werden. Also, wenn's auch am Anfang ziemlich dürftig aussieht, Platz zwischen den Pflanzen und zum Nachbarn lassen.
Kornelkirsche *(Cornus mas)*: Eine ebenso unbekannte wie attraktive Verwandte des Hartriegels. Die kleinen gelben Blütenstände erscheinen bereits vor den Blättern ab Ende Februar/Anfang März und bieten damit Honigbienen und über-

Wichtig für überwinternde Insekten: früh blühende Weiden

Ein Traum in Weiß: blühender Weißdorn im Frühling

winternden Wildinsekten erste Nahrung. Die roten länglichen Steinfrüchte sind für Tier und Mensch gleichermaßen nutzbar.

Salweide *(Salix caprea)*: Im Frühjahr unwiderstehlich für Insekten wie Honig- und Wildbienen, Hummeln, Schwebfliegen, Schmetterlinge – an sonnigen Tagen summt die ganze Luft! Radikaler Rückschnitt verhindert, dass die schnellwüchsige Weide zum Baum wird.

Weißdorn *(Crataegus)*: Im Frühling gleichen die dichten Büsche der verschiedenen Weißdornarten weißen Wolken. Ihr eigentümlicher Duft ist allerdings nicht jedermann Sache – Insekten stehen aber darauf. Im Schutz der dornigen und sparrig verzweigten Sträucher bauen Vögel gerne ihre Nester. Von den roten Beeren ernähren sie sich oft bis weit in den Winter.

Pfaffenhütchen *(Euonymus europaeus)*: Als „Rotkehlchenbrot" waren die leuchtend orangen, in eine pinkfarbene Hülle eingeschlossenen (für Menschen giftigen) Samen früher bekannt. Außer durch diese extravaganten Früchte besticht das Pfaffenhütchen auch durch sein rotes Herbstlaub.

Haselnuss *(Corylus avellana)*: Damit machen Sie nicht nur Kleinvögeln eine Freude. Buntspecht (S. 81) und Eichelhäher nutzen die Nüsse ebenso gerne wie Eichhörnchen (S. 76) oder Siebenschläfer (S. 74). Wintervorrat versteckende Eichhörnchen sorgen auch dafür, dass später allenthalben Haselnüsse keimen.

Vogelbeere *(Sorbus aucuparia)*: Dieser kleine, bis 15 Meter hohe Baum aus der Rosenverwandtschaft trägt seinen Namen zu Recht. Vögel lieben die orangeroten, in großen Schirmrispen stehenden Beeren. Weil Vogelbeerbäume keinen dichten Schatten machen, so dass auch darunter Pflanzen wachsen können, können sie eine dichte Hecke auch überragen.

Rote Heckenkirsche *(Lonicera xylosteum)*: Ein kleinerer Strauch, der oft im schattigen Unterwuchs bleibt. Die kleinen roten Beeren stehen immer im Doppelpack auf einem gemeinsamen Stiel. Sie werden gerne von Vögeln gefres-

Der Weißdorn bietet sowohl im Frühjahr als auch im Herbst reichlich Nahrung.

Blühender Vogelbeerbaum

sen. Die Blüten locken Schwebfliegen und Wildbienen an.

Berberitze *(Berberis vulgaris)*: Unter dem Namen Berberitze werden alle möglichen Verwandten angeboten. Achten Sie also darauf, dass Sie die heimische Art anpflanzen. Mit ihren kleinen gelben und von Insekten sehr gerne besuchten Blüten und den länglichen, roten und essbaren (wenn auch sauren) Beeren bereichert die Berberitze Heckensäume in wärmeren, eher trockenen Gegenden mit kalkreichen Böden.

Faulbaum *(Frangula alnus)*: Wo es für Berberitzen zu kühl und zu feucht ist und saure kalkarme Böden anstehen, fühlt sich der Faulbaum wohl. Zwar heißt er „Baum", doch wird er nur vier Meter hoch. Mit ihm können wir einen der ersten Frühlingsboten, den Zitronenfalter, im Garten heimisch machen. Dessen Raupe lebt von den Blättern des unauffällig grün blühenden und später blauschwarze Beeren tragenden Strauches.

Heimische Pflanzen versorgen Vögel bis weit in den Winter hinein.

Hundsrose *(Rosa canina)*: Die heimische Flora bietet eine Fülle von strauchförmigen Rosenarten, die sich in Blütenform und -farbe, in der Fruchtform und im Laub voneinander unterscheiden. Die Hundsrose mit ihren großen, essbaren Hagebutten ist nur eine davon. Hier können Sie nur einen Fehler machen: Die zahllosen Zuchtformen blühen zwar länger und üppiger, sind aber für Insekten meist weit weniger attraktiv.

Natürlich ist diese Aufzählung bei weitem nicht vollständig. Blutroter Hartriegel *(Cornus sanguinea)*, Liguster *(Ligustrum vulgare)*, Traubenholunder *(Sambucus racemosa)*, Gewöhnlicher und Wolliger Schneeball *(Viburnum opulus* und *V. lantana)* sind weitere Kandidaten für gleichermaßen schöne wie tierreiche Gebüsche.

Ligusterhecke

Wilde Säume

Im Schatten der Büsche wachsen ganz andere Kräuter als auf der offenen Wiese oder einem Rasen. Licht wird dort zum Mangelfaktor. „Sonnenblumen“ können hier nicht mehr gedeihen, während die „Schattenblumen“ draußen der Konkurrenz durch Wiesenpflanzen erliegen. Natürlich kann man mit dem Rasenmäher bis unter die Büsche fahren und dadurch für eine scharfe Kante sorgen. Interessanter ist ein weicher Übergang. Solche von allzu häufiger Mahd befreiten Säume können Gebüsche und Hecken ebenso begleiten wie Zäune, Garagenwände oder Einfahrten.
Zwei Wege führen zum Ziel: Im ersten Versuch verzichten wir einfach auf die Mahd und warten ab, was sich entwickelt. Ohne regelmäßigen Schnitt bekommen andere Pflanzen als bisher eine Chance. Zudem schlummern in vielen Böden über Jahre keimfähige Samen, so dass man sich manchmal wundert, welche Vielfalt dort entstehen kann, wo vorher Einheitsgrün wuchs. Natürlich kann man auch nachhelfen – das ist der zweite Weg – und gezielt heimische Stauden einbringen und solche Arten, die sich ungebührlich vermehren, etwas kurz halten. Oder man setzt auf eine radikale Neuanlage, bei der man auch die Möglichkeit hat, den Untergrund entsprechend vorzubereiten. Dazu ist allerdings intensivere Planung nötig, denn je nach Besonnung, Bodenfeuchte und -dichte kommen ganz verschiedene Pflanzen in Frage. In diesem Fall holt man sich Ratschläge am besten vom praktischen Naturgärtner.
Wilde Säume werden nur einmal im Jahr gemäht, wenn alle Pflanzen ausgesamt und auch die meisten Kleintiere ihre Entwicklung abgeschlossen haben. Wir fördern damit vor allem größere Spinnentiere und Insekten wie Heuschrecken oder Schmetterlinge, die viele Wochen brauchen, bevor aus der Larve geschlechtsreife Tiere werden.

Weidenröschen, Nachtkerzen und Königskerzen

Wird im Sommer nicht gemäht, fühlt sich die Zebraspinne (mit Eikokon) wohl.

Vielfalt im Beet

Kaum ein Garten ohne Blumenbeet. Gepflegte und geschmackvoll arrangierte Beete gelten oft als Ausweis besonderer gärtnerischer Tugenden und Fleißes. Viele setzen großen Ehrgeiz in eine harmonische farbliche Gestaltung und überwältigende Blütenpracht. Das kann auch so bleiben – solange sich die Vorgartengestaltung nicht auf regelmäßig verteilte Rhododendren und Ericabüsche auf sauber geharktem Boden beschränkt. Das tierfreundliche Beet muss nicht in völligem Wildwuchs enden. Vier Grundsätze sollte man aber beachten:

Vorfahrt für heimische Gewächse

Erstens: Auch im Beet gilt die bereits mehrfach strapazierte Regel: Einheimische Pflanzenarten haben Vorrang, weil sie die Bedürfnisse heimischer Tiere am besten erfüllen. Das gilt insbesondere für Insekten, deren Larven meist sehr spezielle Ansprüche an ihre Nahrungspflanzen haben. Ein Wildblumenbeet auf nährstoffreichem Boden lässt sich zum Beispiel mit Arten wie Rainfarn, Wilde Möhre, Johanniskraut, Witwenblume, Wiesensalbei, Esparsette, Königskerze, Färberginster und Fetthenne bestücken. Sieht man das Staudenbeet weniger als mögliche Kinderstube, sondern eher als Restaurant für die erwachsenen Insekten und für Vögel, lässt sich aber guten Gewissens auch mal von der reinen Lehre abweichen. Die aus Nordamerika stammenden Nachtkerzen, die ihre gelben Blüten in der Abenddämmerung in Minutenschnelle öffnen, werden gerne von großen Nachtfaltern wie dem Windenschwärmer angeflogen, ihre Samen von Vögeln gefressen. Letzteres gilt auch für die Samen der Kugel-

Korbblütler sind gut für Fliegen, Schmetterlingsblütler für Wildbienen.

Feucht und schattig – hier wächst der gern von Hummeln besuchte Fingerhut.

Thymian lockt Fliegen ebenso wie Hautflügler an.

Lavendel

Rosmarin

disteln. Vorher wimmeln ihre runden blauen Blütenstände oft von Bienen und Hummeln. Auch Sonnenhut und Sonnenblume, ursprünglich Nordamerikaner, ziehen zur Blütezeit Hummeln, zur Erntezeit Vögel an. Und eine der Lieblingsblumen für viele Arten aus der vielfältigen Ordnung der Fliegen, die Garten-Ringelblume, ist überhaupt nur als Kulturpflanze bekannt. Seit über 800 Jahren als Heil-

Salbei ist wie viele Lippenblütler vor allem für Bienen interessant.

und Zierpflanze angebaut, stammt sie möglicherweise von einer Verwandten aus dem östlichen Mittelmeergebiet ab. Südlich der Alpen liegt auch die Heimat zahlreicher Gewürzpflanzen, die im Staudengarten kultiviert werden (z. B. Lavendel, Rosmarin, Thymian, Ysop, Melisse, Salbei) und, obwohl zum Teil ursprünglich nicht hier vorkommend, gute Futterpflanzen vor allem für Wildbienen sind. Fazit: Bieten wir Insekten im Garten anderswo Entwicklungsmöglichkeiten, können wir im Staudenbeet auch einige Schönheiten aus anderen Kontinenten bewundern. Eine kleine Einschränkung sollten wir machen: Manche Pflanzenarten neigen dazu, sich selbstständig zu machen. Riesenbärenklau und Indisches Springkraut haben den Gartenzaun schon lange übersprungen und sind in freier Wildbahn zum Problem geworden.

Vogelfutter und Verstecke

Zweitens: Für viele Tiere werden Pflanzen erst interessant, wenn sie verblüht sind. Samen als Nahrung für zahlreiche Vogelarten, hohle Stängel als Kinderstuben von Wildbienen (siehe S. 34) oder Verstecke für andere Insekten und Spinnen, die hier auch überwintern können – Verblühtes darf ruhig etwas länger stehen blei-

Auch nach der Blüte schön: Beete sollten nicht zu früh abgeräumt werden.

ben, größere Pflanzen wie Sonnenblumen und Sonnenhut, Astern, Wegwarten, Kugeldisteln, Königskerzen oder Karden auch gerne bis zum nächsten Frühjahr. Stieglitze (siehe S. 92), die im Herbst in kleinen Trupps durch die Gärten vagabundieren, nutzen die fruchtenden Pflanzen besonders gerne. Die kleinen Finken mit dem spitzen Schnabel sind darauf spezialisiert, Samen aus schwankenden Fruchtständen zu ernten. Aber auch andere Finkenarten, Meisen und Spatzen bemühen sich, Halt und Nahrung zu finden. Den Garten im Herbst „aufzuräumen" heißt also sowohl eine große Zahl von Insekten zu „entmieten", als auch den Vögeln statt eines reich gedeckten Tischs nur karge Kost zu bieten. Und sind abgeräumte Beete im Winter wirklich schöner als solche, auf denen noch dekorative trockene Blütenstände stehen?

Kein Gift

Drittens: Nicht alle Pflanzen fühlen sich überall wohl. Manche lieben sandige Böden, andere schweren Lehm. Manche brauchen Kalk, andere meiden ihn. Manche mögens heiß, andere ertragen keine Trockenheit. Untergrund, Bodenart und Kleinklima haben also entscheidenden Einfluss darauf, welche Pflanzen im Beet kümmern und welche wuchern. Hegen wir nur standortgerechte Arten, ersparen wir uns viele Enttäuschungen – und oft genug den Griff zur Giftspritze. Denn kränkelnde Pflanzen fallen Pflanzenfressern leicht zum Opfer, weil sie kaum neue Blattmasse produzieren und so unterm Strich Verlust machen. Eine vitale Pflanze kann den Ausfall einiger Blätter dagegen problemlos ertragen. Außerdem ist sie wesentlich weniger anfällig gegen parasitische Pilze, die ohnehin geschwächten Gewächsen stark zusetzen können. Viele Edelrosen werden zum Beispiel so stark vom Rosenmehltau befallen, dass man ohne Fungizid keine dauerhafte Freude an ihnen hat. Gift allerdings sollte in einem Garten für Tiere grundsätzlich nicht zur Anwendung kommen. So spezifisch, wie wir uns das wünschen, wirken nur wenige Mittel und allzu oft treffen wir mit der chemischen Keule nicht nur die, die wir loshaben wollen.

Nektar für alle

Viertens: Was hinter dieser Devise steckt, können Sie auf S. 7 nachlesen. Schmetterlinge mit ihren langen, dünnen Saugrüsseln, Hummeln mit ihren langen Zungen und Schwebfliegen mit ihren kurzen Tupfern – sie alle haben ganz unterschiedliche kulinarische Vorlieben. Schmetterlinge bedienen sich gerne an Blüten, deren Nektarquelle nur durch dünne Trinkhalme erreichbar sind, während Fliegen freien Zugang zum Essen schätzen. Das sollten wir wissen, wenn es um die Auswahl der Blumen im Staudenbeet geht: Wir bieten Nektar für alle und wir achten auch darauf, dass Nahrungsquellen vom frühen Schneeglöckchen im Frühjahr bis zur späten Aster im Herbst durchgehend zur Verfügung stehen. Die Auswahl an Wildpflanzen ist riesig. Hier helfen Ratgeber zur Anlage von Naturgärten weiter. Ein paar Arten seien als erste Anhaltspunkte aber wenigstens aufgezählt.
Für Fliegen, Käfer und andere Liebhaber offener Pollen- und Nektarquellen sind gut

Ohne Blüten keine Schmetterlinge – hier ein Admiral

geeignet: Sumpfdotterblume, Hahnenfuß, Königskerze, Doldenblütler wie Wilde Möhre, Pastinak, Petersilie (natürlich blühend), Giersch und Engelwurz, Korbblütler wie Ringelblume, Margerite, Rainfarn, Flockblume, Alant, Aster, Wegwarte, im Herbst auch Goldrute. Eine der letzten Nahrungsquellen im Spätherbst sind die Blüten des Efeus.
Bienenarten nutzen mehrere hundert verschiedene Pflanzen; zum Teil sind sie hoch spezialisiert und kommen dort, wo ihre Lieblingspflanze fehlt, überhaupt nicht vor. Mit den als Fliegenfutter genannten Dolden- und Korbblütlern bedienen wir auch viele Bienen gut. Raublattgewächse wie der (einjährige) Boretsch oder der Natterkopf sind ebenso beliebt wie Glockenblumen und zahlreiche Arten aus den Familien der Schmetterlings- und der Lippenblütler.
Viele der von Wildbienen geschätzten Pflanzen zählen zur Ruderalflora, die sich spontan an stark gestörten Orten wie Wegrändern, Schuttplätzen oder Industriebrachen ansiedelt. Solche „Unkraut"-Inseln lassen sich auch im Garten schaffen, wenn wir die Erde an einem sonnenreichen, trockenen und steinigen Fleck abtragen und entweder sich selbst überlassen oder mit Samen von Reseda, Wilder Möhre und Natterkopf ein bisschen nachhelfen.

Kraut oder Unkraut?

„Unkraut gehört nicht in den Garten und es ist stets ein schlechtes Zeichen, wenn es auf den Wegen und Beeten wuchert. Dass die Unkräuter schaden, dass sie die Nutzpflanzen in der Entwicklung hindern und dass verunkrautete Gärten nie einen vollen Ertrag bringen können, ist klar, ebenso, dass seine Ausrottung unser eifrigstes Bestreben sein muss." Eine klare Aussage, formuliert in Franckhs Gartenbuch aus dem Jahr 1922, als Gartenbau noch überwiegend der Selbstversorgung diente. Abgesehen davon, dass das „Unkraut" als Ausdruck für missliebige Pflanzen allmählich durch das „Wildkraut" ersetzt wird – es ist alles eine Frage des Standpunkts. Klassisches Beispiel: die Brennnessel. Seit der Steinzeit und noch bis ins Mittelalter eine begehrte Nutzpflanze, die Schnüre und Gewebe lieferte („Nesseltuch"), gibt es heute kaum noch jemanden, der den vitalen und sich durch unterirdische Ausläufer schnell ausbreitenden Stauden Asyl im Garten bietet. Die Nessel mit den Brennhaaren gilt als Prototyp einer unerwünschten Pflanze, als Unkraut eben.
Vom Standpunkt der Schmetterlings sieht das ganz anders aus. Einer unserer bekanntesten Tagfalter, der Kleine Fuchs verdankt sogar seinen wissenschaftlichen Namen *Aglais urticae* der Brennnessel (*Urtica dioica*). Seine Raupen fressen Nesselblätter, und nur das. Das heißt: Ohne Nessel keine Kleinen Füchse. Ähnliches gilt für das Tagpfauenauge, den Admiral, das Landkärtchen, und weniger ausschließlich auch für den C-Falter, dessen Raupen auch noch an anderen Futterpflanzen fressen.
Bei Gärtnern ähnlich unbeliebt wie die Nessel ist der Giersch oder Geißfuß, ein gut halbmeterhoher Doldenblütler halbschattiger, feuchter und nährstoffreicher Waldränder und Gebüschsäume. Im Staudenbeet macht er sich durch lange Ausläufer unbeliebt, und dadurch, dass noch aus kleinsten Wurzelbruchstücken neue Sprosse treiben. Als Begleiter einer Hecke oder eines Gebüschs sollte er uns willkommen sein. Seine nektarspendenden Dolden sind unter Fliegen überaus beliebt. Vor allem Schwebfliegen, wichtige Helfer bei der biologischen Schädlingsbekämpfung, besuchen die Dolden oft in großer Zahl.

Giersch, meist erbarmungslos ausgemerzt, wird von vielen Insekten geliebt.

Oder der Löwenzahn: Seine Blüten ziehen Bienen, Fliegen und Schmetterlinge an. Die milchreifen Samen, aus den noch geschlossenen Fruchtständen gepickt, sind eine beliebte Kindernahrung bei den Grünfinken (siehe S. 92), die – eine Ausnahme unter den Finken – auch die Jungen überwiegend vegetarisch ernähren. Später, wenn die Samen reifen, stellen sich Stieglitz (siehe S. 92) und Bluthänfling (siehe S. 91) ein.

Ruderalflora

Viele typische Unkräuter sind – anders als die drei erwähnten Beispiele – einjährig. Sie durchlaufen ihre gesamte Entwicklung von der Keimung bis zum Absterben innerhalb eines Sommers. Sie gehören zur Ruderalflora (nach lat. rudus = Schutt), die darauf spezialisiert ist, un-

Schön und von Insekten wie Vögeln gern besucht: die Wegwarte

Der Löwenzahn – im Rasen verhasst, von Grünfinken geschätzt

bewachsene Flächen kurzfristig zu besiedeln. Später werden diese Pioniere von dauerhafteren Pflanzengesellschaften abgelöst. Zwischen Stauden, vor allem aber auf Beeten und Wegen im Nutzgarten, entstehen solche offenen Flächen immer wieder durch Jäten und Ernten – ideale Bedingungen für einjährige Wildkräuter wie Vogelmiere, Hirtentäschelkraut, Ackergauchheil, Erdrauch oder Sonnenwend-Wolfsmilch. Später kommen Melden- und Gänsefußarten, Vogelknöterich, Beifuß, Königskerzen, Gänsedisteln, Wegwarten, auch Brennnesseln hinzu – aber bevor es soweit ist, sind die entsprechenden Flächen meist wieder umgegraben. Viele dieser Ruderal- und Ackerwildkräuter sind heute gefährdet und wert, nicht immer sofort mit Stumpf und Stiel ausgemerzt zu werden. Einer schätzt sie ganz besonders: Der aparte Bluthänfling (siehe S. 91) ernährt sich fast ausschließlich von den Samen solcher Wildkräuter. Kraut oder Unkraut? Bevor wir alles ausraufen, was spontan und ungeplant keimt und wächst, lohnt es sich, kurz innezuhalten und nachzudenken, ob es wirklich stört.

Einfach mal wachsen lassen: Ruderalpflanzen stellen sich spontan ein.

Die leidigen Schädlinge

Förderung von Wildtieren im Garten gut und schön – aber hier hört der Spaß auf: Schädlinge, die an liebevoll gehegten Pflanzen nagen, die Ernte schmälern oder gar ruinieren oder schlicht lästig fallen, gehören zu den unliebsamen Begleiterscheinungen des Gärtnerns.

Die aparten Raupen des Schwalbenschwanzes sind eigentlich „Schädlinge".

Eine Frage der Einstellung

Gerne gäbe ich hier einige Patentrezepte zum besten, die Ihren Pflanzen Blattläuse und Nacktschnecken vom Leibe halten. Aber leider: Es gibt sie nicht. Sanfte Methoden – ohne Gift, das im Garten nichts zu suchen hat – können aber immerhin dazu beitragen, dass sich ein erträgliches Gleichgewicht einstellt. Vielleicht hilft aber auch ein Wandel der Einstellung. Hat nicht das „Untier", ebenso wie das ganz allmählich in anderem Licht gesehene „Unkraut", auch eine Daseinsberechtigung? Tatsächlich gibt es schon einige Beispiele dafür, dass Schädlinge rehabilitiert wurden. Das Image des Schwalbenschwanzes hat sich vollständig gewandelt. Des prächtigen Schmetterlings nicht weniger farbenfrohe Larve ernährt sich vom Laub verschiedener Doldenblütler und wurde früher in vielen Gärten abgesammelt, wo man sie an Möhren, Dill oder Petersilie fressend erwischte. Heute freut man sich, wenn einer der weit umherstreifenden, großen Falter im Beet auftaucht und gönnt den Raupen das Kraut. Ganz klar, was hier den Wandel bewirkte: Die überaus attraktive Erscheinung

Puppen des Schwalbenschwanzes und der fertige Falter

des Schmetterlings mag eine Rolle gespielt haben. Ausschlaggebend war aber sicher, dass Schwalbenschwänze ziemlich selten geworden sind und sich deshalb ihre Auswirkungen in engen Grenzen halten. Ähnliches gilt für die Spatzen, über die Franckhs Gartenbuch von 1922 bemerkt: „Der schlimmste Schädling ist und bleibt der Sperling... Das beste ist das Ausnehmen der Nester und das Abschießen der Sperlinge insbesonderheit der Weibchen."
Heute nehmen die Spatzenbestände so deutlich ab, dass sich der Allerweltsvogel neuerdings auf der Roten Liste wiederfindet und kein Mensch mehr seiner Ausrottung das Wort redet.
Das gleiche alte Gartenhandbuch enthält aber auch ganz modern anmutende Erkenntnisse: „Die Nacktschnecken sind in feuchten Jahren und in feucht gelegenen Gärten besonders schädlich, sie befressen fast alles Gemüse. Einige Kröten im Garten sind die besten Gehilfen im Kampf mit den Schnecken, in England sind diese ein gesuchter Handelsartikel in Gärtnerkreisen."

Blattlauslöwen

Dahinter steckt das Prinzip der biologischen Schädlingsbekämpfung, das einer der Väter der Biologie, der schwedische Forscher Carl von Linné bereits im Jahr 1752 formulierte: „Seitdem man gemerkt hat, welchen Schaden die Insekten uns antun, hat man viele Wege ausgedacht, sie auszurotten, aber noch niemand hat daran gedacht, Insekten durch Insekten auszurotten. Jedes Insekt hat meistens seinen Löwen, der es verfolgt und ausrottet. Diese Raubinsekten sollten gezähmt und zur Säuberung der Kräuter gewartet werden."
Jede Art hat Fressfeinde. Fördert man diese, schwinden die Schädlinge, wenn sie auch nicht ganz verschwinden, weil Räuber ihre Beute nie völlig ausrotten. Nun, den Krötenhandel wollen wir nicht wieder aufleben lassen – er ist weder

Eine Schwebfliegenlarve auf Jagd. Sie ist auf Blattläuse spezialisiert.

tierfreundlich noch gesetzeskonform. Aber es gibt viele Möglichkeiten, einen Garten krötenfreundlich zu gestalten (siehe S. 42, 45) und damit auch Igel und Blindschleiche zu fördern, die ebenfalls gerne Nacktschnecken fressen.
Die Zucht von und der Handel mit Nutzinsekten ist allerdings inzwischen gang und gäbe und wird vor allem im professionellen Pflanzenbau angewandt.
Besonders viele wichtige natürliche Gegenspieler haben die Blattläuse: Marienkäfer (siehe S. 103) gehören dazu, die sowohl als Larve als auch erwachsen von Blattläusen leben, die Larven vieler Schwebfliegenarten (siehe S. 105) ebenso wie die der goldäugigen Florfliegen (siehe S. 102), die Ohrwürmer (siehe S. 98) und Schlupfwespen.
Den Florfliegen helfen wir, in dem wir Holzstapel, Geräteschuppen und ein offenes Haus bieten (siehe S. 50), in dem die erwachsenen Tiere überwintern können, so dass sie im Frühjahr gleich zur Stelle sind, wenn sich die Blattläuse in oft atemberaubender Geschwindigkeit vermehren (was geht, weil zu dieser Zeit nur Weibchen vorhanden sind, die ohne Paarung wieder Weibchen gebären). Auch Marienkäfer verbringen den Winter gerne gut geschützt in

Ritzen und Spalten, hinter Verschalungen oder in Holzstapeln. Die meisten blattlausfressenden Schwebfliegen überwintern dagegen als Larve unter Steinen oder zwischen Erdkrümeln der obersten Bodenschicht. Wer selbst unter Sträuchern penibel recht oder der Streuschicht sogar mit dem Laubsauger zu Leibe rückt, verliert damit die effektivsten Blattlausfresser, die wir haben. Die höchst beweglichen Schwebfliegen suchen Blattlauskolonien und legen einzelne Eier gezielt dazu. Wenig später schlüpft die Larve, die innerhalb weniger Tage mehrere hundert Läuse verspeist. Für die häufige Art *Syrphus ribesii* lautet die Hochrechnung: Ein Weibchen legt 60 bis etwa 360 Eier. Bei zwei Generationen im Jahr bringt es so, hohe Verluste schon eingerechnet, etwa 3500 Nachkommen hervor, die zusammen weit über zwei Millionen Blattläuse fressen. Diese Helfer lassen sich leicht in den Garten locken: mit Doldenblütlern und Korbblütlern wie der Ringelblume, auf denen sie reichlich Nahrung finden. Die Läusekolonien spüren sie dann schon alleine auf.

Einen weiteren Blattlaus-Liebhaber können wir gezielt unterstützen: den Ohrwurm. Er geht nachts auf Jagd. Tagsüber zieht er sich gerne ins Dunkle zurück. Das können wir ihm bieten: Ein Tagesversteck für Ohrwürmer ist ganz einfach hergestellt aus einem mit Holzwolle gefüllten Blumentopf mittlerer Größe, der

Eigenheime für Ohrwümer sind leicht hergestellt.

Marienkäfer sind echte Glücksbringer. Sie verzehren überwiegend Blattläuse.

umgekehrt aufgehängt wird – und zwar so, dass die Ohrwürmer unbeschwert ein- und aussteigen können. Also nicht frei, sondern in Kontakt mit Stämmen, Zweigen oder Blättern. Die Holzwolle lässt sich mithilfe der anschließend durchs Loch im Boden des Blumentopfes gezogenen Aufhängeschnur bündeln und befestigen, oder, etwas sicherer, durch ein Drahtgeflecht am Herausfallen hindern. Solche Schlafhäuser können wir eine Zeitlang auf den Boden legen, um eine Besiedlung zu erleichtern, oder auch gleich in der Nähe von Blattlausvorkommen anbringen. Brauchen wir die Ohrwürmer später anderswo, können wir den Topf einfach umhängen. Aber Vorsicht: Ohrwürmer sind nicht so spezialisiert wie Marienkäfer oder Schwebfliegen. Sie vergreifen sich gelegentlich gerne selbst an zarten Setzlingen. Übrigens verkraften vitale, wuchskräftige Pflanzen ein paar Blätterfresser und Pflanzensauger meist ganz gut. Kritischer wird es, wenn bereits geschwächte Gewächse befallen werden. Sie können ernsthaft Schaden leiden. Viel Ärger kann man sich ersparen, wenn man sorgfältig solche Pflanzenarten auswählt, denen Boden, Feuchtigkeit und Kleinklima am ausgewählten Standort zusagen.

Tiere im Garten

Tausende von Tierarten können in einem einzigen naturnah gepflegten Garten leben. Ein ganzes Leben reicht kaum, um ihre Vielfalt zu erfassen und ihre Lebensweise zu studieren. Einige unserer unmittelbaren Nachbarn aber sollten wir schon kennen. Wir stellen hier hundert Tiere vor, darunter neben großen und auffälligen Arten – die Mehrzahl Säugetiere und Vögel – auch eine Auswahl aus dem ebenso großen wie unbekannten Heer der Gliedertiere und anderer Wirbellosen.

Säugetiere S. 72

Vögel S. 78

Kriechtiere und Lurche S. 94

Insekten S. 97

Spinnen und andere Wirbellose S. 115

Säugetiere

Igel
Erinaceus europaeus

Merkmale Plump und kurzbeinig; oberseits bis auf den Kopf mit spitzen, braunweiß geringelten Stacheln.

Lebensweise Wie die meisten heimischen Säugetiere ist der Igel überwiegend nachts unterwegs. Trotzdem begegnet man ihm häufiger, weil er sein Heil im Notfall nicht in der Flucht sucht, sondern sich einigelt, um seine empfindliche Bauchseite zu schützen. Außerdem gehören Igel nicht zu heimlichen Schleichern, sondern machen oft ziemlich Lärm. Igel schätzen offenes, abwechslungsreiches Gelände. Unterwuchsreiche Gärten mit reichlich Versteckmöglichkeiten, Komposthaufen und Holzstapeln bieten ideale Lebensräume. Was das Essen anbelangt, sind Igel nicht wählerisch. Besonders mögen sie Regenwürmer und Schnecken. Im Herbst helfen Beeren und das reichlich anfallende Obst, das notwendige Gewicht von wenigstens 700 Gramm zu erreichen. Das genügt, um die kalte Jahreszeit im energiesparenden Winterschlaf zu überstehen.

Hausspitzmaus
Crocidura russula

Merkmale Sehr klein und kurzbeinig; mit dunklem, kurzem Fell; langer, beweglicher Schnauze und winzigen Augen.

Lebensweise Meist bemerkt man ihre Anwesenheit nur durch das durchdringende, schrille Quietschen, das streitende Spitzmäuse hören lassen – oder dadurch, dass einem die Katze eine gebracht hat. Die meisten Katzen erbeuten zwar regelmäßig Spitzmäuse, fressen sie wegen ihres strengen Geruchs aber nicht. Spitzmäuse sind rastlos unterwegs. Etwa zehn Gramm wiegt ein Tier, und fast so viel muss es Nacht für Nacht fressen! Würmer, Insekten, Spinnen, Asseln: Gärten können einer Spitzmaus viel bieten, wenn auch genügend Versteckmöglichkeiten da sind. Warum der Name „Haus"spitzmaus? Im Herbst dringen die kleinen Jäger oft in Scheunen und Ställe ein, wo noch reichlich Beute zu machen ist, wenn Futter draußen knapp wird. Einen Winterschlaf legen Spitzmäuse nicht ein.

Maulwurf
Talpa europaea

Merkmale Walzenförmiger Körper mit kurzem, schwarzen Samtfell; Grabschaufeln.
Lebensweise „Der Maulwurf, der muss weg" – über die erbitterte Schlacht manches Gärtners gegen den vermeintlichen Schädling hat sich bereits Wilhelm Busch lustig gemacht. Dabei hat es der schwarze Tiefbauer gar nicht auf Gemüse abgesehen. Er lebt ganz überwiegend von Regenwürmern und Insektenlarven. Bleiben die ästhetischen Probleme: Maulwurfshaufen im Rasen sind nicht jedermanns Sache. Aber auch hier kann man gelassen bleiben. Denn der Maulwurf beschäftigt sich keineswegs dauernd mit dem Aufwerfen von Hügeln. Ist sein 100–200 Meter langes Tunnelsystem fertig, patrouilliert er durch die Gänge und frisst, was er dort findet. Mitten in Siedlungen ist der Maulwurf übrigens eher selten. Hier stammen viele vermeintliche „Maulwurfshaufen" von Wühlmäusen.

Großes Mausohr
Myotis myotis

Merkmale Größte heimische Fledermaus mit der Spannweite einer Amsel (40 cm) und langen, schlanken Ohren; Bauch hell.
Lebensweise Während die meisten unserer Fledermäuse ihre Insektenbeute aus der Luft greifen, haben sich die Großen Mausohren vor allem auf am Boden krabbelnde Laufkäfer und Mistkäfer spezialisiert – da hat man wenigstens was zwischen den spitzen Zähnen. Die Käfer verraten sich durch ihr „lautes" Krabbeln. Fledermausohren sind schließlich extrem empfindlich. Klappt es nicht auf Anhieb, verfolgt das Mausohr die Beute auf allen vieren. Große Mausohren sammeln sich in kopfstarken Wochenstuben. Hunderte von Weibchen und Jungen können dann eng gedrängt im Dachstuhl hängen. (Nebenbei bemerkt: Für den Gärtner fällt darunter wertvoller Dünger an.) Im Herbst werden Dachstühle und andere Verstecke am Haus geräumt. Zum Winterschlaf ziehe sich die Großen Mausohren in Höhlen und Felskeller zurück.

Zwergfledermaus
Pipistrellus pipistrellus

Merkmale Winzig (knapp daumenlang), mit bräunlichem Fell und kleinen Ohren.

Lebensweise Sie tragen ihren Namen zu Recht. Zusammen mit der erst kürzlich entdeckten Mückenfledermaus sind sie die Zwerge unter den heimischen Fledermäusen. Gleichzeitig sind sie die häufigsten. An Häusern finden sie nahezu überall Unterschlupf für sich und ihren Nachwuchs: hinter Fensterläden oder Wandverschalungen, in Mauerritzen oder Rollladenkästen. Unglaublich, in welch enge Spalten sie eindringen können! Ihre Jagdgebiete liegen in der näheren Umgebung. In schnellem Zickzack schießen sie durch Gärten und Parks, immer wieder durch schnelle Flugmanöver überraschend, wenn sie per Ultraschall ein fliegendes Insekt geortet haben. Im Herbst dringen Zwergfledermäuse gelegentlich in Häuser ein und hängen dann plötzlich in den Gardinen. Keine Panik: In der nächsten Nacht verschwinden sie meist wieder.

Siebenschläfer
Glis glis

Merkmale Gestalt ähnlich einem kleinen Eichhörnchen, aber viel kleiner und mit bräunlich grauem bis silbergrauem Fell.

Lebensweise Nur selten wird man den silbrig-eleganten Kletterer mit dem langen, buschigen Schwanz beobachten können. Ganz anders als das Eichhörnchen ist der Siebenschläfer fast nur nachts unterwegs. Ursprünglich ein Waldbewohner, besiedelt der häufigste unter den Schlafmäusen oder Bilchen – zu dieser Nagerfamilie gehört auch die winzige Haselmaus – gerne größere Gärten. Vogelhäuschen oder Geräteschuppen bieten willkommenen Unterschlupf. Auch Dachböden sind beliebte Siebenschläfer-Sommerquartiere. Wenn sie dort nächtens ihre lautstarken Auseinandersetzungen führen, kann man es schon mit der Angst bekommen ... Spätestens im Winter hat man Ruhe. Sieben Monate kann der Winterschlaf der Bilche in ihrer frostsicheren Erdhöhle dauern.

Waldmaus
Apodemus sylvaticus

Merkmale Schlanke, sehr langschwänzige Maus mit großen Augen und großen Ohren.
Lebensweise Waldmäuse und die sehr ähnlichen Gelbhalsmäuse (die einen noch längeren Schwanz haben) werden besonders im Herbst und Winter zu „Hausmäusen". Anders als die im Umgang mit Menschen erfahrenen, eigentlichen Hausmäuse gehen sie dort leicht in die Falle. Von den mausgrauen Hausmäusen sind Wald- und Gelbhalsmäuse leicht an ihrem gelblich braunen Fell zu unterscheiden. Beide Arten klettern gut, was durch geschickten Schwanzeinsatz erleichtert wird. Deshalb findet man Mäusenester oder Vorratslager nicht nur im Boden, sondern auch in Vogelnistkästen oder auf dem Dachboden.

Feldmaus
Microtus arvalis

Merkmale Plumpe, kurzschwänzige Maus mit kleinen Augen und Ohren.
Lebensweise Anders als die grazile Waldmaus, die zur Familie der Echten Mäuse gehört, ist die Feldmaus eine Wühlmaus. Ihr gedrungener Körperbau sowie die eher kleinen Augen und Ohren deuten auf eine weitgehend unterirdische Lebensweise hin. Oberirdisch verraten flache Erdhaufen und ein Netz von knapp unter der Oberfläche verlaufenden Tunneln oder Trampelpfaden ihre Anwesenheit. Auf Wiesen sind Feldmäuse oft extrem häufig und damit wichtige Nahrungsgrundlage für Raubtiere und Greifvögel. Weil sie sich außerordentlich schnell vermehren können – bis zu sieben Würfe pro Jahr und Junge, die bereits nach drei Wochen geschlechtsreif sind! – und Pflanzen sowohl unter- als auch oberirdisch angehen, gelten sie als arge Schädlinge.

Wanderratte
Rattus norvegicus

Merkmale Mäusegestalt, aber viel größer (um 25 cm, ohne den langen, nackten Schwanz).
Lebensweise Während die sehr selten gewordene Hausratte überwiegend im Dachgeschoss alter Häuser lebt, ist die Wanderratte ein echtes Kellerkind, das sich auch in der Kanalisation wohl fühlt. Als äußerst findige Kulturfolger erschließen sich Ratten viele Nahrungsquellen. Zu ihrem Erfolgsrezept gehört aber auch ein ausgeprägtes Sozialverhalten; dabei erkennen sich die Mitglieder einer Sippe am Geruch. Im Garten sind sie besonders gerne am Komposthaufen unterwegs. Dort bauen sie nicht selten auch ihre Nester, in denen sie ihre Jungen zur Welt bringen. Ratten können sich nahezu das ganze Jahr über vermehren. Selbst bei Tierfreunden haben die intelligenten Nager einen denkbar schlechten Ruf als Vorratsschädlinge und Krankheitsüberträger. Einzelne Ratten im Garten brauchen uns aber nicht zu beunruhigen.

Eichhörnchen
Sciurus vulgaris

Merkmale Nagetier mit langem buschigen Schwanz, Pinselohren, Fellfarbe rotbraun bis fast schwarz, Bauch weiß.

Lebensweise Eigentlich sind Eichhörnchen Waldtiere. Man trifft sie aber regelmäßig auch in Stadtparks, wo sie oft so zutraulich sind, dass sie Futter aus der Hand nehmen. Allerdings: Ein Baum muss immer in der Nähe sein, damit notfalls blitzschnell der Rückzug angetreten werden kann. Denn Bäume sind ihr eigentliches Element. Kopfüber, kopfunter, meterweite Sprünge im dünnen Geäst – kein Problem für die hervorragenden Kletterer mit den spitzen Krallen und dem Balancier-Schwanz. Auch ihre Wohnung, den Kobel, beziehen die Hörnchen hoch oben. Dort kommen im Frühjahr ihre (meist vier bis fünf) Jungen zur Welt, dort wird auch der Winter verbracht, in dem die Tiere als typische Winterruher weniger aktiv sind. Als Nahrung dienen jetzt meist Samen aus Nadelbaumzapfen und im Herbst versteckte Vorräte. Ansonsten gehört das Hörnchen zu den Opportunisten: Es nimmt, was es kriegen kann.

Wildkaninchen
Oryctolagus cuniculus

Merkmale Typische Hasenfigur, aber mit ziemlich kurzen Hinterbeinen, rundlichem Kopf und kurzen Ohren.

Lebensweise Kaninchen sind nicht überall verbreitet. Sie stammen ursprünglich von der spanischen Halbinsel und mögen's deshalb eher warm. Wichtiger noch ist der Untergrund. Wo ihnen schwere Böden das Buddeln verleiden, fehlen sie. Lockerer Boden dagegen eignet sich hervorragend, um die unterirdischen Baue anzulegen. In Gärten gehören Kaninchen meist zu den wenig gern gesehenen Gästen. Schließlich haben sie es auf eben das abgesehen, was Gärtner für sich selbst ziehen: saftiges junges Grün. Erschwerend kommt dazu, dass Kaninchen überaus soziale Tiere sind, die sich überdies auch noch schnell vermehren: Ein Weibchen kann über fünfmal im Jahr Junge bekommen! Ganz anders der Feldhase: Er ist ein Einzelgänger, der den Menschen meidet. Im Garten wird man ihm kaum begegnen.

Steinmarder
Martes foina

Merkmale Ziemlich groß (Körper etwa 45 cm, Schwanz etwa 25 cm) mit braunem Fell und weißem Kehlfleck; Beine kurz.

Lebensweise Nachtschwärmer begegnen ihm gelegentlich, wenn er schnell und wendig die Straße entlang huscht. Neugierig, wie Marder sind, kann es durchaus sein, dass er ebenso gespannt auf Sie ist wie Sie auf ihn. Stein- oder Hausmarder meiden den Menschen keineswegs und sind bis ins Zentrum von Großstädten anzutreffen – aber eben nur nachts. Tagsüber halten sie Siesta auf Dachböden, in Scheunen oder anderen Verstecken. Dort kommen auch die Jungen zur Welt. Auch wer nie einen Marder gesehen hat, hat schon von ihm gehört. Als „Automarder“ sind die verspielten Tiere berüchtigt, weil sie in warme Motorräume steigen und dort mutwillig Schaden anrichten. Auch wenn sie nächtens alles durchstöbern, sind sie keineswegs leise. Manches verdächtige Rumpeln im Garten geht auf ihre Kosten.
Als Jäger überwältigen Steinmarder auch recht großes Wild. Hühnerhalter wissen ein Lied davon zu singen, und wer Haustiere im Garten hält, sollte sie über Nacht gut schützen.

Fuchs
Vulpes vulpes

Merkmale Schlanke, eher kurzbeinige Hundegestalt mit langem, besonders im Winter sehr buschigem Schwanz und spitzem Gesicht; rotbraunes Fell, Bauch hell.

Lebensweise Nicht nur einsame Gärten an Waldrändern können mit Fuchsbesuchen rechnen. Selbst mitten in Städten sind Füchse heute keineswegs selten. Zwar gefällt es ihnen dort in der Nähe großer Parkanlagen, Friedhöfen oder Schrebergärten am besten, sie dehnen ihre Streifzüge aber bis in die Innenstädte aus. Zu verlockend ist das Nahrungsangebot.
Füchse sind zwar überwiegend Mäusejäger, verschmähen aber kaum etwas Fressbares vom Maikäfer bis hin zur Größe eines Rehkitzes oder eines Haushuhns. Sie patrouillieren entlang von Straßen, wo ihnen die Autos die Jagd schon abgenommen haben und Beute mundgerecht serviert liegt. Sie plündern Abfalleimer und sind auch keine Kostverächter, wenn Kirschen oder Blaubeeren reif werden. Den Tag verbringen Füchse meist unterirdisch im Bau. Notfalls tut es aber auch ein Holzstapel oder dichtes Brombeergestrüpp.

Vögel

Turmfalke
Falco tinnunculus

Merkmale Kleiner, schlanker Greifvogel mit schmalen Flügeln und langem Schwanz; Weibchen rotbraun mit dunklen Flecken, Männchen mit grauem Kopf und Schwanz. Hohe, scharfe Rufreihe „kikiki ...".

Lebensweise Falken sparen sich den Bau eines eigenen Nestes. Sie nutzen Felsvorsprünge oder Nischen an Gebäuden. Turmfalken legen ihre vier bis sechs Eier auch gerne in alte Krähen- oder Elsternester. Überblick scheint wichtig zu sein: Im Siedlungsbereich sind besonders Kirchen und Hochhäuser attraktiv. Wo Nischen fehlen, lässt sich mit Nistkästen nachhelfen und Brutraum schaffen. Für einen guten Brutplatz nehmen die Falken auch lange Versorgungswege in Kauf. Ansitz oder Rüttelflug über freiem Feld sind die bevorzugten Jagdmethoden. Mäuse, ihre Hauptbeute, aber auch große Insekten wie zum Beispiel Heuschrecken werden gerne gefressen. Gerade in der Stadt gehen Turmfalken auch auf Vogeljagd, eigentlich das Metier des gleich großen Sperbers.

Straßentaube
Columba livia f. *domestica*

Merkmale Oft ähnlich wie die wilde Stammform (Felsentaube) grau mit schillernden Halsseiten und schwarzen Flügelbinden; durch Einkreuzung verschiedener Haustaubenrassen aber sehr variabel. Stimme: zweisilbiges Gurren.

Lebensweise Haustauben werden mancherorts gehalten, sei es aus Spaß an der Vogelzucht, für die Pfanne oder um Brieftauben-Wettbewerbe zu bestreiten. Neben diesen gehegten, in Volieren oder frei fliegend in Taubenschlägen untergebrachten Vögeln bilden die verwilderten Abkömmlinge entflogener Haustauben ein „Proletariat", dessen Image schlechter nicht sein könnte. Vielfältig sind die Methoden, sie zu vertreiben, erstaunlich ihre Findigkeit, mit der sie immer neue Brutplätze an Bauwerken erschließen und rund ums Jahr ihre Jungen aufziehen. Für Mensch und Taube wäre es sicher besser, wenn weniger Futter zur Verfügung stände. Dann würden sich die Bestände auf ein gesundes Maß einspielen.

Ringeltaube
Columba palumbus

Merkmale Größte heimische Taube, mit auffälligem weißem Halsfleck und im Flug sichtbarem breitem, weißem Flügelstreif. Ruft laut vier- oder fünfsilbig gurrend.

Lebensweise Ringeltauben sind ursprünglich Waldvögel, die sich, ausgehend von großen Parks, auch in den Städten etabliert haben. Dabei gibt es große regionale Unterschiede. In Südwestdeutschland gehören Ringeltauben zum Beispiel noch nicht zum Stadtbild. Ihr ziemlich unordentlich aussehendes Nest bauen Ringeltauben nur selten an Fassaden. Sie ziehen hohe Bäume vor. Zwar legen die Tauben nur zwei Eier, dafür brüten sie mehrmals im Jahr, beginnend im April. Der Brut geht eine auffällige Flugbalz voraus, bei der die Vögel mit lautem Flügelklatschen steil aufsteigen und anschließend mit steifen Flügeln und gespreiztem Schwanz abwärts gleiten.

Türkentaube
Streptopelia decaocto

Merkmale Kleine, langschwänzige Taube, Färbung hellgrau bis beige mit leichtem rosa Anflug an der Brust, schwarzer Nackenring. Ruft dreisilbig „hu-huuh-hu“.

Lebensweise Türkentauben brüten bei uns fast ausschließlich in Siedlungen. Während die Straßentauben für die Innenstädte charakteristisch sind, schätzen die Türkentauben die Vorstädte mit großen Gärten und hohen Bäumen, die Nistgelegenheiten bieten. Viel seltener brüten sie an Gebäuden. Während der Brutzeit, die von März bis September dauert, ist das Terrain in feste Reviere aufgeteilt.
Im Winterhalbjahr trifft man die Tauben auch in kleinen Trupps an, vor allem dort, wo die Vegetarier reichlich Nahrung finden: an großen Höfen, Siloanlagen oder auch da, wo viel Futter gestreut wird. Übrigens sind die Tauben erst seit wenigen Jahrzehnten alltäglich. Von Südosten kommend brütete das erste Paar erst vor gut 50 Jahren in Deutschland. Nach Jahrzehnten stürmischer Ausbreitung zeichnet sich bei uns jetzt allerdings eine Abnahme ab.

Schleiereule
Tyto alba

Merkmale Mittelgroße Eule mit auffallend herzförmigem Gesichtsschleier; Oberseite tarnfarbig hellbraun und grau gemustert, Unterseite rein weiß oder mit kleinen Flecken.
Lebensweise Die Schleiereule gehört zur dörflichen Kulturlandschaft. Sie schätzt ein abwechslungsreiches Mosaik aus großen Gärten, offenen Feldern und Wiesen und nutzt Brutplätze in Kirchen, Dachstühlen oder Scheunen. Nistkästen werden gerne angenommen und haben oft dazu beigetragen, den Brutbestand zu steigern. Schleiereulen sind rein nachtaktiv. Ihr extrem gutes Gehör erlaubt ihnen auch in tiefer Dunkelheit, ihre Beute zu orten. Als nahezu reiner Kleinsäuger-Jäger ist die Schleiereule abhängig vom stark schwankenden Mäusebestand. In guten Mäusejahren kann ein Paar zweimal brüten und mehr Junge großziehen, in ganz schwachen fällt die Brut einfach aus. Besonders schlecht für die Eule, wenn dann noch ein harter Winter, der die begehrten Mäuse unter einer hohen Schneedecke schützt, den Bestand dezimiert.

Mauersegler
Apus apus

Merkmale Schwalbenähnliches Flugbild, aber nicht nur oberseits, sondern auch unten dunkel gefärbt, sehr lange, schmal-sichelförmige Flügel, gegabelter Schwanz; fliegt meist in Trupps. Ruft auffällig hoch und schrill langgezogen „sriiih“.
Lebensweise Mauersegler sind echte Stadtvögel. Bruten in Baumhöhlen kommen zwar vor, sind aber sehr selten. Meist liegen die aus im Flug geschnappten Halmen und Speichel gebauten Nester der Segler in Gebäuden, wobei alte und hohe Gemäuer bevorzugt werden. Hier können ganze Kolonien mit Dutzenden von Paaren brüten. Mauersegler sind echte Sommervögel. Ihre Nahrung besteht ausschließlich aus „Luftplankton“, also kleinen Insekten und Spinnen, die nur in den warmen Monaten verfügbar sind. Als Anpassung an längere Schlechtwetterphasen, während der die Altvögel sich jagend oft Hunderte von Kilometern und tagelang vom Brutplatz entfernen, können die Jungen in einen Energie sparenden Hungerschlaf (Torpor) verfallen.

Buntspecht
Picoides major

Merkmale Schwarz-weiß mit rotem Unterschwanz, beim Männchen auch mit rotem Nackenfleck, bei Jungvögeln mit roter Kopfplatte; kräftiger Meißelschnabel; Stützschwanz; stark wellenförmiger Flug.

Lebensweise Dass der Buntspecht bei weitem unsere häufigste Spechtart ist, hängt sicher auch damit zusammen, dass er sich in sehr verschiedenen Lebensräumen wohl fühlt. Man trifft ihn im dichten Fichtenforst ebenso wie in Streuobstwiesen, Gärten und Stadtparks. Wo Bäume allerdings ganz fehlen, fehlt auch der Specht. Eine bestimmte Baumart aber muss es nicht sein. Er zimmert seine Bruthöhle sowohl in Eichen als auch in Apfelbäume. Vorher wird mit kräftigen Trommelwirbeln auf dürren Ästen oder Regenrohren gebalzt und lautstark gestritten. Der starke Schnabel dient nicht nur dem Wohnungsbau, sondern auch der Nahrungsbeschaffung: Insektenlarven werden freigelegt und mit der vorne mit Widerhaken versehenen Zunge erbeutet, Fichtenzapfen aufgehackt und gelegentlich ein Nistkasten aufgemeißelt und geplündert.

Rauchschwalbe
Hirundo rustica

Merkmale Lange schmale Flügel, tief gegabelter Schwanz; Oberseite stahlblau, Unterseite hell, Kehle und Stirn dunkelrot, Schwanz schwarzblau mit weißen Flecken.

Lebensweise Rauchschwalben gehören zur bäuerlichen Kulturlandschaft – und verschwinden mit ihr. Ihre Nester, Halbschalen aus Lehm und Schlamm mit eingebauten Strohhalmen, bauen sie fast immer innerhalb von Gebäuden, vorzugsweise natürlich Ställen. Hier herrscht nämlich auch in Schlechtwetterperioden kein Nahrungsmangel. Die Jagd auf Fluginsekten ist draußen natürlich stark vom Wetter abhängig. Rauchschwalben sind hier sehr findig, jagen an manchen Tagen hoch in der Luft und schießen an anderen flach durch die Wiesen. Im Winter gibt's für spezialisierte Insektenfresser fast nichts zu fressen, weshalb Rauchschwalben ins tropische Afrika ziehen. Vorher sammeln sie sich oft in großen Schwärmen, die in Schilfgebieten übernachten.

Mehlschwalbe
Delichon urbica

Merkmale Oberseits bis auf den weißen Bürzel blauschwarz, unterseits mehlweiß; Schwanz nur schwach gegabelt.

Lebensweise Wie Rauchschwalben brüten Mehlschwalben an Häusern, aber auf der Außenseite. Typisch sind ganze Reihen der grauen, bis auf ein kleines Einschlupfloch geschlossenen Viertelkugeln aus Lehm, die wettergeschützt unter der Dachtraufe kleben und, nicht auf ländliche Bereiche beschränkt, auch in Städten zu finden sind. Wo Baumaterial fehlt – und das ist in unserer asphaltierten Welt nicht selten der Fall – kann man auch mit künstlichen Nestern nachhelfen. Voraussetzung ist allerdings, dass wenigstens die Ernährung noch stimmt. Mehlschwalbenkolonien brauchen fliegende Kleininsekten in Hülle und Fülle. Wo sie mit Rauchschwalben gemeinsam vorkommen, nutzen sie häufig die oberen Luftschichten, während die Rauchschwalben weiter unten dahinschießen. Vor dem Abzug ins tropische Afrika sammeln sich Mehlschwalben zu Hunderten auf Drahtleitungen.

Bachstelze
Motacilla alba

Merkmale Schwarz-weiß-grau mit langem Schwanz und ziemlich langen Beinen; ruft laut zweisilbig „zi-lipp“, oft auch rhythmisch während des wellenförmigen Fluges.

Lebensweise Bachstelzen sind ständig in Bewegung. Rennen sie nicht schnell hinter einem flüchtenden Insekt her, wippen sie wenigstens mit dem langen Schwanz. Ihren bevorzugten Lebensraum, ursprünglich offene Flächen und Kiesbänke entlang von Bächen und Flüssen, hat sie im Bereich von Bauernhöfen, Siedlungen und Industriegebieten wieder gefunden. Hier sorgt der Mensch für vegetationsarme Bereiche, in denen sich die Insektenjagd auf dem Boden lohnt. Nischen oder Halbhöhlen zur Brut finden sich an Gebäuden ebenfalls. Bachstelzen verteidigen ihre Nahrungsreviere heftig gegen Artgenossen und suchen sie sehr systematisch ab. Insekten haben zwar ein kurzes Gedächtnis; trotzdem lässt die Stelze ein gewisse Zeit verstreichen, bevor sie eine Stelle wieder aufsucht.

Zaunkönig
Troglodytes troglodytes

Merkmale Einer der kleinsten Vögel Europas; braun gestreift mit kurzem, meist keck aufgestelltem Schwanz; Schnabel spitz und kräftig.
Lebensweise Zaunkönige lieben dichtes Unterholz, vor allem, wenn die Umgebung nicht allzu trocken ist. Wer das im Garten bieten kann, hat gute Chancen auf sehr lautstarke Vogelkonzerte. Seiner geringen Größe zum Trotz gehört der Zaunkönig keineswegs zu den zaghaften Sängern und lässt seine Triller sogar im Winter hören. Singend setzt er sich gerne auch obenauf, während er sonst eher heimlich durchs Gebüsch huscht, kurze Strecken auch in schnurrendem Flug zurücklegend. Seine Nester sind kleine Kunstwerke: kompakte dickwandige Mooskugeln mit seitlichem Eingang, meist in dichtem Wurzelwerk in Bodennähe gebaut. Zwei Bruten im Jahr sind die Regel, wobei nur das Weibchen brütet. Männchen frönen gelegentlich der Vielweiberei. Die „überzähligen" Weibchen bleiben dann auch beim Füttern der Brut ohne Unterstützung.

Rotkehlchen
Erithacus rubecula

Merkmale Klein, mit rundlicher Gestalt, zartem Schnabel und großen Augen; oberseits braun, Gesicht, Kehle und Brust orangerot.
Lebensweise Wie so manche Gartenart stammt auch das Rotkehlchen eigentlich aus dem Wald. Gärten und Parks, in denen sie brüten, müssen über dichtes Unterholz verfügen, in dem das gut getarnte Bodennest angelegt werden kann und in dessen Laubstreu die Vögel ausgiebig nach Insekten und Spinnen suchen können. Viele Gärten genügen dem nicht. Rotkehlchen benutzen sie zur Überwinterung, zumal wenn Beeren locken oder im Futterhaus Weichfutter angeboten wird. Im Frühjahr dagegen werden Gärten wieder geräumt, die zu wenig „Waldcharakter" haben. Brüten Rotkehlchen aber, werden sie oft sehr vertraut und lernen schnell, dass ein Spaten Fressbares zutage fördert. Zudem bereichert ihr sehr melodischer Gesang, nicht nur morgens, sondern auch in der Abenddämmerung vorgetragen, das Vogelkonzert rund ums Haus.

Gartenrotschwanz
Phoenicurus phoenicurus

Merkmale Männchen mit rotem Schwanz und Bauch, schwarzer Kehle, weißer Stirn und grauem Rücken; Weibchen bis auf den rostroten Schwanz einfarbig hellbraun.

Lebensweise Der Name täuscht etwas. Ein kleines Vorgärtchen jedenfalls tut's nicht. Dem Gartenrotschwanz muss man schon einen ziemlich großen (Obst-)Garten bieten, wenn er dort brüten soll. Neben Streuobstwiesen schätzt er auch lichte Wälder mit alten Bäumen, große Parks und Friedhöfe. Bäume müssen sein, denn der Gartenrotschwanz kommt nur selten auf den Boden. Er singt gerne von Baumwipfeln. Er sucht seine Insektennahrung im Gezweig. Und er gehört zu den Höhlenbrütern, wobei er ein etwas größeres Flugloch bevorzugt, als Meisen geboten wird. Gartenrotschwänze sind Weitstreckenzieher, die südlich der Sahara überwintern. Viele dieser Arten sind in den letzten Jahrzehnten deutlich seltener geworden – darunter auch der Gartenrotschwanz.

Hausrotschwanz
Phoenicurus ochruros

Merkmale Aufrechte Haltung, knickst häufig und zittert mit dem rostroter Schwanz; Männchen im Sommer schwarzgrau mit schwarzer Kehle, oft auch mit weißem Flügelfeld, Weibchen dunkelgrau.

Lebensweise „Felsrotschwanz" hätte sein ursprünglicher Namen lauten können, bevor er die Häuser als künstliche Felsen entdeckte und seine Brutmöglichkeiten damit wesentlich erweiterte. Heute fehlt der Hausrotschwanz in keiner Stadt – ein echter Kulturfolger. Mauernischen, Balken oder Dachvorsprünge dienen als Unterlage für sein etwas wirr aus Halmen und Moos gebautes Nest. Mit Halbhöhlen-Nistkästen lässt er sich auch an glatten Fassaden leicht ansiedeln. Zwei Bruten im Jahr sind die Regel. Seine Nahrung, Insekten und Spinnen, sucht der Hausrotschwanz überwiegend am Boden. Anders als der Gartenrotschwanz zieht er nur bis ins Mittelmeergebiet und ist im März wieder da. Schon in der Morgendämmerung ertönt dann sein gepresst und kratzig klingender Gesang von Dächern und Antennen.

Amsel
Turdus merula

Merkmale Männchen schwarz mit gelbem Schnabel und Augenring, Weibchen braun.
Lebensweise Amseln sind *die* Gartenvögel schlechthin. Fast ihr ganzes Leben spielt sich öffentlich ab. Selbst die Nester werden oft ganz offen auf Balkonen oder im fassadenkletternden Efeu angelegt – nur wenige Vogelarten zeigen sich in der Brutplatzwahl so flexibel. Auch wenn Amseln in Siedlungen bis zu vier Bruten im Jahr groß ziehen, wird jedes Nest nur einmal benutzt. Es besteht aus einem umfangreichen Unterbau aus Halmen, wird innen mit glatter Erde ausgekleidet und nochmals gepolstert, bevor die vier bis sieben blaugrünen, braun gefleckten Eier gelegt werden. Selbst kurz geschorenem Rasen, eigentlich „grüne Wüsten“, können Amseln etwas abgewinnen: Hier lassen sich Regenwürmer besonders gut erbeuten. Amseln fressen aber auch gerne Beeren und andere Früchte. Weil sie ihr Revier gegen andere verteidigen, hält sich der Verlust aber in Grenzen.

Mönchsgrasmücke
Sylvia atricapilla

Merkmale Kleiner grauer Vogel; Männchen mit schwarzer, Weibchen und Jungvögel mit rotbrauner Kopfplatte.
Lebensweise Die meisten Grasmücken sind Heimlichtuer und mit dem Ohr leichter zu entdecken als mit dem Auge. Sie huschen durchs dichte Gebüsch, sind immer in Bewegung und tragen selbst ihren Gesang „unterwegs“ vor. Die häufigste Art, die Mönchsgrasmücke, macht da keine Ausnahme. Ihr charakteristischer Gesang, leise beginnend und sehr laut und überaus melodiös flötend endend, verrät sie aber ebenso wie der Warnlaut, den sie äußert, wenn man sich dem gut versteckten Nest nähert. Er klingt, als schlage man zwei Kieselsteine zusammen. Offene Gärten schätzt sie nicht, aber wo einige Bäume stehen und dichtes Unterholz vorherrscht, fehlt sie selten. Ihr feiner Schnabel verrät den Insektenfresser. Im Herbst steigt die Mönchsgrasmücke dann aber weitgehend auf Beeren um. Wer einen Holunder besitzt, bekommt sie spätestens jetzt zu Gesicht.

Zilpzalp
Phylloscopus collybita

Merkmale Sehr klein; bräunlich grün mit dunklem Augen- und hellem Überaugenstreif; dünner Schnabel.

Lebensweise Zilpzalp heißt er nach seinem markanten Gesang, der aus einer langen Serie von „zilp, zalp, zilp, zalp"-Motiven besteht. Das ist gleichzeitig die leichteste Möglichkeit, die Art von ihren zahlreichen, überaus ähnlich gefärbten Laubsänger-Verwandten zu unterscheiden. Aber zu Gesicht bekommt man den Zilpzalp sowieso selten, es sei denn, im Garten wächst eine männliche Weide und lockt den Weidenlaubsänger (so der Zweitname des Zilpzalps). Der kleine Insektenfresser kehrt nämlich schon im März aus dem Winterquartier zurück. Dann ist Nahrung noch knapp. Blühende Weiden aber ziehen Unmengen von Insekten an und bieten damit auch dem Zilpzalp reichlich zu fressen. Sein oben geschlossenes, nur seitlich zugängliches „Backofen"-Nest baut der Zilpzalp am Boden aus Materialien der nächsten Umgebung. Damit ist es hervorragend getarnt.

Grauschnäpper
Muscicapa striata

Merkmale Grauer Vogel mit gestreifter Stirn und spitzem Insektenfresser-Schnabel; meist in aufrechter Haltung frei sitzend.

Lebensweise Farblich und stimmlich ist der Grauschnäpper eher eine „graue Maus", aber sein Verhalten macht ihn zu einem durchaus auffälligen Vogel. Oft beobachtet er den Luftraum von freien Sitzwarten aus, immer wieder „nervös" mit den Flügeln zuckend. Passierenden Insekten fliegt er nach, erbeutet sie – gelegentlich ist dann ein lautes Knacken zu hören – und kehrt wieder zu seiner Sitzwarte zurück. Wehrhafte Insekten wie Wespen oder Hummeln werden dort sorgfältig entstachelt und dann erst geschluckt. Als Weitstreckenzieher kehren Grauschnäpper erst Anfang Mai aus Afrika zurück und verlassen uns im September wieder. Nur eine Brut im Jahr ist deshalb der Normalfall. Ähnlich wie der Hausrotschwanz nistet der Grauschnäpper gerne in Gebäudenischen oder Halbhöhlen-Nistkästen, brütet aber auch in Baumlöchern.

Kohlmeise
Parus major

Merkmale Größte Meise, sehr bunt: Bauch gelb mit schwarzem Längsstrich, Kopf schwarz mit weißen Wangen, Rücken grün, Flügel und Schwanz blaugrau.
Lebensweise Ihr lauter Gesang („zi-zi-täh, zi-zi-täh") läutet schon im Spätwinter den Frühling ein. Kohlmeisen gehören zu allen Jahreszeiten zu den häufigsten Vögeln des Gartens. Im Sommer hauptsächlich Insektenfresser, stellen sie im Winter die Ernährung teilweise um und fressen Samen, die sie zwischen den Füßen festhalten und mit dem Schnabel meißelnd öffnen. Sie brüten in Höhlen, können aber selbst keine herstellen. Nistkästen werden deshalb dankbar angenommen. Allerdings muss die Nahrungsbasis stimmen, wenn der reichliche Nachwuchs (sechs bis zwölf Eier, ein bis zwei Bruten im Jahr) auch groß werden soll. Bevorzugte Kindernahrung sind kleine Raupen und andere Larven, die meist auf Bäumen gesammelt werden. Jedoch sind Kohlmeisen häufiger als ihre Verwandten auch am Boden unterwegs.

Blaumeise
Parus caeruleus

Merkmale Klein, gelber Bauch, weißer Kopf mit schwarzem Augenstreif, blauer Kappe und blauem Kragen; Rücken grünlich, Flügel und Schwanz blau.
Lebensweise Blaumeisen sind Spezialisten fürs Feine. Mit ihrem winzigen Schnabel suchen sie die äußersten Zweigspitzen von Laubbäumen ab, oft akrobatisch kopfunter hängend, untersuchen abstehende Rindenteile, Knospen, Blüten und Gallen und sammeln dort Spinnen und Insekten ein, seien sie auch so klein wie Blattläuse. Damit vermeiden sie Konkurrenz zur kräftigeren Kohlmeise. Bei Auseinandersetzungen am Meisenknödel oder, viel wichtiger, um Bruthöhlen ziehen Blaumeisen dagegen oft den kürzeren. Jedoch schaffen es die Winzlinge, sich in Baumhöhlen oder Nistkästen zu quetschen, deren Zugang den größeren Meisen zu eng ist. Bis zu 14 Eier werden dann in das weiche Nest gelegt und ausgebrütet. Normalerweise bleibt es bei einer Brut im Jahr.

Kleiber
Sitta europaea

Merkmale Oberseite blaugrau, Unterseite orangebraun, Gesicht weiß mit schwarzem Augenstreif; langer, spitzer Schnabel, kurzer Schwanz.

Lebensweise Kleiber machen, was sonst kein heimischer Vogel kann: Sie klettern nicht nur Baumstämme hinauf, sondern auch hinunter, und zwar kopfunter. Dabei halten sie sich nur mit ihren mit spitzen Krallen bewehrten, überdimensionierten Füßen. Eine zweite Besonderheit: Kleiber verengen den Eingang ihrer Nisthöhle mit zementhart werdendem Lehm so, dass sich kein größerer Vogel mehr Zugang verschaffen kann. Damit ist eines der wichtigsten Güter im Leben eines Vogels schon mal gesichert. Ihre Nahrung finden Kleiber überwiegend an Baumstämmen, wo sich in Rindenritzen zahlreiche Kleintiere verbergen. Im Herbst und Winter bieten die Samen der Waldbäume (oder der Futterstellen) Zusatzkost. Kleiber klemmen sie in Baumspalten, um sie dann aufzumeißeln. Außerdem legen sie gerne kleine Vorräte für schlechtere Zeiten an.

Baumläufer
Certhia-Arten

Merkmale Klein, oberseits rindenfarben, unterseits hell; sehr dünner, langer und etwas gebogener Schnabel. Zwei sehr ähnliche Arten mit unterschiedlicher Stimme: Garten- und Waldbaumläufer (Bild).

Lebensweise Baumläufer führen ein Leben zwischen Baum und Borke – jedenfalls bauen sie ihr Nest gern unter abstehenden Rindenstücken. Bei der Nahrungssuche gehen sie systematisch vor. Sie beginnen am Fuß des Stamms, arbeiten sich in Spiralen nach oben und fliegen dann zum nächsten Baum, den sie wieder von unten angehen. Dabei scheinen sie den Baum ruckartig hinaufzurutschen. Der lange Schwanz mit den steifen Steuerfedern dient dabei (ähnlich wie bei Spechten) als Stütze. An großen Ästen können sich Baumläufer auch waagerecht an der Unterseite bewegen, aber kopfunter wie der Kleiber können sie nicht klettern. An rauen Hauswändern können sie sich dagegen gut halten, gelegentlich suchen sie auch dort mit ihrem Pinzettenschnabel nach kleinen Insekten und Spinnentieren.

Elster
Pica pica

Merkmale Großer, schillernd schwarz und weiß gefärbter Vogel mit sehr langem, schwarzem Schwanz und ziemlich kurzen Flügeln. Häufigster Ruf ein lärmendes „schack-schack".
Lebensweise Elstern sind eigentlich Vögel der Feldgehölze und Waldränder. Sie bewegen sich äußerst geschickt im Gezweig, sind aber auch sehr gut zu Fuß. Vermutlich trieb sie die stetige Verarmung der Feldflur an hochwüchsigen Hecken und kleinen Wäldchen in die Vorstädte. Dort sind die findigen Rabenvögel, die vom Insekt über die Maus bis zum Aas alles mögliche fressen, nicht immer gern gesehen, weil sie gelegentlich Vogelnester plündern. Untersuchungen zeigen aber, dass der Bestand an Kleinvögeln in Elsterrevieren nicht zurückgeht. Zum Brüten bauen Elstern in höheren Bäumen ein überdachtes Nest aus Reisig. Im Winterhalbjahr kann man größere Trupps antreffen, die oft gemeinsam übernachten.

Raben- und Nebelkrähe
Corvus corone

Merkmale Groß, mit sehr kräftigem schwarzen Schnabel; entweder vollständig schwarz (Rabenkrähe) oder mit bis auf den Kopf grauem Körper (Nebelkrähe). Laut krächzende Rufe.
Lebensweise Obwohl sie so verschieden aussehen, gehören Raben- und Nebelkrähe noch zu einer gemeinsamen (unschön Aaskrähe genannten) Art. Die Rabenkrähe besiedelt Westeuropa von der Iberischen Halbinsel bis zur Elbe, östlich liegt Nebelkrähen-Land. Wie Elstern leben Krähen hauptsächlich in der offenen Kulturlandschaft bis hin zu Stadtparks; in Gärten brüten sie dagegen eher selten, besuchen aber gerne Komposthaufen. Weil Krähen sehr langlebig sind und große Reviere behaupten, gibt es auch während der Brutzeit Trupps von landlosen zu kurz Gekommenen, die den Revierinhabern das Leben schwer machen und oft sogar deren Gelege plündern. Die großen Krähennester bieten, wenn sie ausgemustert sind, „faulen" Vögeln wie Waldohreulen oder Turmfalken einen willkommenen Brutplatz.

Star
Sturnus vulgaris

Merkmale Im Sommer schillernd schwarz mit spitzem gelbem Schnabel, außerhalb der Brutzeit durch weiße Federspitzen hell gefleckt und mit dunklem Schnabel; Jungvögel zunächst einfarbig braun, dann gescheckt; Stimme durch zahlreiche Imitationen sehr abwechslungsreich, dazwischen immer das starentypische nasale „spreen".

Lebensweise Die meisten Singvögel verteidigen während der Brutzeit ein Revier – nicht so die Staren. Sie brüten gerne Tür an Tür, wenn höhlenreiche Bäume oder „Mietskasernen"-Nistkästen das erlauben. Oft sind sie auch gemeinsam unterwegs. Ein typisches Bild bieten zum Beispiel Stare, die nebeneinander gehend (nicht hüpfend!) über eine frisch gemähte Wiese schreiten und Nahrung suchen: Insekten, deren bodenlebende Larven und Würmer. Allerdings stehen auch Früchte auf dem Speiseplan. Und weil Stare außerhalb der Brutzeit ebenfalls sozial sind und dazu neigen, überaus kopfstarke Schwärme zu bilden, können sie in Obstbaugebieten erhebliche Ernteeinbußen verursachen.

Haussperling
Passer domesticus

Merkmale Plump, mit kräftigem Allzweck-Schnabel; Oberseite braun gestreift; Männchen mit grauem Scheitel und schwarzem Latz.

Lebensweise Spatzen sind fast nie allein, und sie sind fast nie ruhig. Fast immer ist das typische Tschilpen in den kleinen Trupps zu hören, die zusammen durch die Wege und Vorgärten toben, Nahrung suchen oder staubbaden.
Auf der anderen Seite sind Spatzen misstrauisch, an der Vogeltränke vorsichtiger als andere und am Nistplatz oft richtig heimlich. Beides zusammen, Vorsicht und Sozialverhalten, bildet zusammen mit ihrer großen Anpassungsfähigkeit das Erfolgsrezept der Spatzen. Ihre unordentlichen Nester bauen sie überall dort, wo Spalten am Haus einen Zugang ermöglichen. Hinter Verschalungen oder unter alten Dächern reiht sich nicht selten Nest an Nest. Neubaugebiete sind für Spatzen deshalb schwieriges Terrain. Hier sollte man über Nisthilfen für den ehemaligen Allerweltsvogel nachdenken.

Buchfink
Fringilla coelebs

Merkmale Schlank und langschwänzig, mit kräftigem Schnabel; Männchen im Frühjahr mit blaugrauer Kappe und rotbrauner Unterseite; Weibchen blasser, aber ebenfalls mit zwei weißen Flügelbinden.
Lebensweise Der schmetternde „Finkenschlag" kündigt den Frühling an. Er gehört hierzulande zu den markantesten Gesängen und wird jeden Tag stundenlang an den Reviergrenzen vorgetragen. Nicht der Haussperling, sondern der Buchfink gilt als häufigster Vogel Europas. Das liegt daran, dass man ihn überall trifft, wo Bäume stehen, ob im Urwald oder im Hausgarten. Bäume dienen nicht nur als Singwarten, hier bauen die Finken auch ihr kunstvolles Napfnest und schließlich suchen sie hier auch die Insekten(larven), mit denen sie ihre Jungen füttern. Im Herbst werden sie zu Bodenvögeln und Samenfressern. In Mitteleuropa sind Buchfinken Teilzieher. Am Futterplatz im Winter trifft man fast nur alte Männchen, Weibchen und Junge sind verschwunden.

Bluthänfling
Carduelis cannabina

Merkmale Klein und kompakt, mit kräftigem Schnabel; Männchen im Frühjahr mit rotem Scheitel und roter Brust, grauem Kopf und rotbraunem Rücken; Weibchen ohne rot.
Lebensweise Wo alle Rabatten säuberlich gejätet, der Rasen gestutzt, die Auffahrt geteert ist, muss man auf ihn verzichten. Ohne Wildkräuter (oder „Unkraut") ist der Hänfling nicht zu haben. Er lebt weitgehend von den Samen heimischer Pflanzen. Ihre Vielfalt stellt seine Versorgung durchs ganze Jahr sicher, das er während der Brutzeit paarweise (bzw. in der Familie), später in kleinen Trupps verbringt, die über „Ödländer", Brachäcker, Raine oder Schuttplätze vagabundieren. Brüten Hänflinge im Garten, bemerkt man meist nur das prächtige Männchen, das auf Büschen singend seine rote Brust präsentiert, während das Weibchen auf dem gut versteckten Nest brütet. An der Fütterung, vorzugsweise mit halbreifen Sämereien, beteiligt sich der Vater dann aber.

Stieglitz
Carduelis carduelis

Merkmale Zierlicher Fink mit spitzem, hellem Schnabel, roter Gesichtsmaske und leuchtend gelbem Flügelfeld, das vor allem im Flug auffällt. Typischer und häufig zu hörender Ruf „stigelitt".

Lebensweise Wer Stieglitze im Garten sehen will, darf sein Staudenbeet nicht zu früh aufräumen. Pflanzen werden für den Stieglitz erst attraktiv, wenn sie verblüht sind und Samen tragen. Ob Löwenzahn, Aster, Rudbeckie oder Kugeldistel: Die kleinen Finken mit dem spitzen Pinzettenschnabel sind überaus geschickt bei der Ernte. Leicht, wie sie sind, können sie sich auch an dünnen Stängeln halten. In großen Trupps trifft man sie auf Flächen, die mit Karden oder Disteln bestanden sind. Nicht von ungefähr heißen sie mit Zweitnamen Distelfink. Ihre Nester bauen Stieglitze aber in Baumkronen; dabei bevorzugen sie Waldränder, Parks, Streuobstwiesen oder größere Gärten.

Grünfink
Carduelis chloris

Merkmale Kräftig gebauter Fink mit hellem Kegelschnabel; beide Geschlechter mit deutlichem gelbem Flügelfeld und gelber Schwanzbasis, Männchen auch am Körper grünlich, Weibchen blasser.

Lebensweise Wer im Winter Vögel füttert, kennt die Grünfinken als überaus streitbare Burschen, die Konkurrenten mit geöffnetem Schnabel, gespreizten Flügeln und gefächertem Schwanz drohen. Im Frühjahr gefallen sie durch ihren trillernden kanarienvogelartigen Gesang, vorgetragen von Bäumen und immer wieder auch aus taumelnden Singflügen, bei denen die Flügel eigenartig langsam bewegt werden. In Siedlungen gehören Grünfinken, zusammen mit Amseln, oft zu den häufigsten Brutvögeln. Weil sie sehr früh im Jahr mit der Brut beginnen, bauen sie ihre Nester gerne in immergrüne Gehölze, die ganzjährig gute Deckung bieten. Zwei, manchmal sogar drei Bruten im Jahr sind die Regel.

Girlitz
Serinus serinus

Merkmale Kleiner Fink mit winzigem Kegelschnabel; kräftige dunkle Streifung über grünlich gelber Grundfärbung, die beim Weibchen blasser ist; Bürzel hellgelb.

Lebensweise Wer seinen Gesang nicht kennt, übersieht diesen kleinsten der heimischen Finkenvögel leicht. Zu überhören ist er aber wahrlich nicht. Seine lang anhaltenden Strophen ertönen bevorzugt von Telefonleitungen und Antennen, ein hektisch wirkendes, schnelles und hohes Zwitschern, das oft mit dem Quietschen eines ungeschmierten Rades verglichen wird. Wie der Grünfink startet auch der Girlitz zu gaukelnden Singflügeln. Entlarvend ist auch ein hell klingelndes, dreisilbiges „girilitt", das vorbei fliegende Girlitze oft hören lassen (und dem sie ihren Namen verdanken). Die bevorzugten Brutplätze liegen hoch in Nadelbäumen, die Nahrung, vor allem Wildkrautsamen, wird dagegen oft am Boden gesucht.

Gimpel, Dompfaff
Pyrrhula pyrrhula

Merkmale Plumper Fink mit dickem, kurzem schwarzen Schnabel; beide Geschlechter mit schwarzer Kappe, grauem Mantel, weißem Bürzel, schwarzem Schwanz und weißer Flügelbinde; Männchen unterseits leuchtend rot, Weibchen vornehm grau. Ruft meist melancholisch „djüe".

Lebensweise Im Sommer werden Gimpel heimlich und brüten meist in dichtem Gebüsch in Wäldern. Weil sie kein Revier verteidigen, fallen sie auch akustisch kaum auf. Sie singen zwar, aber äußerst leise und damit wohl nur als Botschaft an den Partner und nicht zur Abschreckung von Rivalen gedacht. Außerhalb der Brutzeit lassen sie sich dagegen leicht beobachten. Vor allem im Winter besuchen sie häufig auch Gärten. Als Knospenfresser – im Winter oft ihre Hauptnahrung – sind sie allerdings nicht überall wohlgesehen. Selten wird man Gimpel in größeren Trupps beobachten, einzelne Vögel allerdings genauso wenig: Gimpel sind das ganze Jahr meist paarweise unterwegs.

Kriechtiere und Lurche

Zauneidechse
Lacerta agilis

Merkmale Bis 25 cm lang (wobei der Schwanz mehr als die Hälfte einnimmt); Weibchen braun mit hellen Längsstreifen, Männchen vor allem im Frühjahr leuchtend grün.

Lebensweise Eidechsen brauchen genügend Unterschlupf, Plätze für Sonnenbäder, Jagdgebiete, warme Stellen mit lockerem Untergrund für die Ablage der zehn bis 14 weichschaligen Eier, die von der Sonnenwärme ausgebrütet werden, und schließlich sichere Winterverstecke. Nur in großen Gärten kommt das alles zusammen. Mit Steinhaufen oder spaltenreichen Trockenmauern kann man nachhelfen. Streunende Katzen allerdings sind der Eidechsen Tod. Wenn die kleinen Drachen sich morgens sonnen, damit sie auf Betriebstemperatur kommen, sind sie oft noch zu langsam, um rechtzeitig im Versteck zu verschwinden. Sind sie aufgewärmt, werden sie sehr flink. Ihre Nahrung besteht hauptsächlich aus Insekten und Spinnen.

Blindschleiche
Anguis fragilis

Merkmale Bis 45 cm lang, glatt und glänzend beschuppt; kleiner, kaum vom Körper abgesetzter Kopf; Färbung variabel, meist grau oder braun, oft mit feinen Längsstreifen.

Lebensweise Es kann gar nicht oft genug betont werden: Auch wenn sie aussehen und züngeln wie Schlangen sind Blindschleichen keine, sondern im Lauf der Stammesgeschichte beinlos gewordene Eidechsen. Zwar gönnt sich die Blindschleiche wie alle Echsen gerne ein morgendliches Sonnenbad, ist dann aber eher versteckt im Kühlen unterwegs. Statt Eier zu legen bekommt sie Junge, die sich direkt nach der Geburt aus den Eihäuten befreien und bereits 8 cm lang sind – eine typische Anpassung an kalte Lebensräume. Im Winter, wenn es wirklich kalt wird, ziehen sich die Schleichen unter den Boden zurück und fallen in Kältestarre. Im Garten gelten sie als ausgesprochen nützlich, weil sie auch Nacktschnecken vertilgen. Leider funktioniert ihr Überlebenstrick – bei Todesangst einfach den Schwanz abwerfen, ein neuer wächst später nach – bei Rasenmähern nicht ...

Teichmolch
Triturus vulgaris

Merkmale Bis 11 cm lang; Männchen im Sommer grau bis dunkelbraun mit schwarzen Punkten, orangem Bauch und Rückenkamm, Weibchen unauffälliger braun.

Lebensweise Molche gehören zu den Lurchen, die einerseits Wasser-, andererseits Landtiere sind. Die heimischen Amphibien (wie die Lurche auch heißen) sind zur Fortpflanzung alle auf offenes Wasser angewiesen. Der Teichmolch erscheint ab Mitte März in seinen Laichgewässern. Besonders anspruchsvoll ist er nicht. In kleinen Tümpeln (selbst solchen, die nicht das ganze Jahr bestehen), in Randbereichen größerer Seen und ruhigen pflanzenreichen Buchten von Fließgewässern ist er häufig. Auch frisch angelegte Gartenteiche besiedelt er schnell. Dort ist er leicht zu beobachten, wenn er im offenen Wasser schwimmt. Er jagt Wasserflöhe und anderes tierisches Plankton. Das Molchweibchen legt seine 200–300 Eier einzeln an Wasserpflanzen. Eine bis zwei Wochen später schlüpfen die Larven. Herbst und Winter verbringen die Molche, jetzt unauffällig tarnfarben, an Land.

Bergmolch
Triturus alpestris

Merkmale Bis 12 cm lang; Männchen im Sommer blaugrau mit einem Seitenband aus schwarzen, weiß eingefassten Flecken und orangem Bauch; Weibchen weniger auffällig (Bild).

Lebensweise Wie der Teichmolch nutzt auch der Bergmolch Gartenteiche gerne. Allerdings lässt er sich weniger einfach beobachten, weil er, oft gut verborgen, am Gewässergrund lebt. Früher oder später erscheint er aber zum schnellen Luftschnappen an der Oberfläche. Auch während des molchtypischen Paarungsrituals sind die Molche etwas unvorsichtiger. Dabei stehen sich die Partner gegenüber und das Männchen fächelt dem weit weniger bunten Weibchen mit umgelegtem Schwanz so lange Duftstoffe zu, bis sie seinen Spuren folgt. Schließlich setzt er einen Spermabehälter ab, der nachfolgend von ihr aufgenommen wird. An Land – hier wird das Winterhalbjahr verbracht – sind Bergmolche hunderte von Metern abseits des Wassers anzutreffen. Sie sind jetzt nachtaktiv und tagsüber gut versteckt.

Erdkröte
Bufo bufo

Merkmale Weibchen bis 15 cm, Männchen kleiner; braune, warzige Haut und große Ohrdrüsen.

Lebensweise Erdkröten sind eigentlich Landtiere. Nur während der kurzen Laichzeit zu Beginn des Frühjahrs (vor allem Ende März/Anfang April) finden die berühmten Krötenwanderungen statt, die vielen Tieren den Tod bringen, wenn sie Straßen queren wollen. Ungeachtet jedem Hindernis streben Erdkröten nämlich zu ihrem eigenen Geburtsort, um dort zu laichen. Unmittelbar danach sind sie wieder auf dem Rückweg und entfernen sich bis zu 2 Kilometer von „ihrem" Teich. Viele Erdkröten leben in Wäldern, aber auch in offenem Gelände sind sie nicht selten. Voraussetzungen sind gute Tagesverstecke unter Holzstapeln, lockeren Steinhaufen, Baumwurzeln oder an Komposthaufen, wo die Kröten sich selbst Höhlen graben, die auch zur Überwinterung genutzt werden können. Nachts gehen die „Goldaugen" auf Jagd. Vor allem Gliederfüßer (Käfer, Ameisen, Spinnen, Asseln, Tausendfüßer) landen im Krötenmagen.

Grasfrosch
Rana temporaria

Merkmale Brauner Frosch mit stumpfer Schnauze und dunklem Fleck hinter dem Auge.

Lebensweise Die klassischen, grün gefärbten oder gestreiften Arten der „Wasserfrösche" finden sich nur selten in kleinen Gartenteichen. Zum Glück, werden lärmempfindliche Nachbarn finden, denen das nächtliche Froschkonzert vielleicht keine reine Freude bereitet.

Dem Grasfrosch dagegen fehlen die lautverstärkenden Schallblasen seiner Kollegen. Sein leises Knurren stört niemanden und ertönt auch nur kurze Zeit. Grasfrösche sind die ersten, die im Frühjahr ins Wasser steigen und es wenig später unter Hinterlassung großer Laichballen wieder verlassen, um jetzt durch feuchte Wiesen und Wälder zu hüpfen. Wie schnell sich die Kaulquappen entwickeln, hängt von der Wassertemperatur ab. Zwei bis drei Monate dauert es meist, bis sie vollständig umgewandelt sind. „Froschregen" nannte man es früher, wenn die gerade mal 1,5 cm großen Jungtiere den Teich im Sommer verlassen.

Insekten

Frühe Adonislibelle
Pyrrhosoma nymphula

Merkmale Kleine, schlanke Libelle mit rotem Hinterleib.

Lebensweise Libellen gehören zu den flugtüchtigsten Insekten. Am frisch angelegten Gartenteich zählen sie zu den ersten Besuchern – auch unter Wasser, denn oft hat man mit den Wasserpflanzen auch ein paar Libellenlarven eingeschleppt. Die räuberisch lebenden Kleinlibellenlarven lassen sich leicht an den drei Kiemenblättchen am Ende des Hinterleibs erkennen. Unter den Kleinlibellenarten mit ihren oft sehr ähnlichen schwarz-blauen Farbmustern sticht die rote Adonislibelle heraus. „Früh" heißt sie deshalb, weil sie bereits im April auftaucht – im wahrsten Sinne des Wortes, denn ihre Larven kommen aus dem Wasser und erklettern einen Pflanzenstängel. Dann platzt die Rückenhaut im Brustbereich und heraus steigt die erwachsene Libelle, die wenig später die Flügel entfaltet und Farbe annimmt.

Plattbauch
Libellula depressa

Merkmale Große Libelle mit breitem Hinterleib, der bei Männchen leuchtend blau, bei Weibchen gelb gefärbt ist.

Lebensweise Libellen haben sehr unterschiedliche Ansprüche an ihren Lebensraum. Der Plattbauch bevorzugt kleine, pflanzenarme Tümpel und Teiche sowie Kiesgruben. Aus diesem Grund sind auch Gartenteiche attraktiv, selbst eben erst mit Wasser gefüllte. Männchen besetzen gerne Reviere am Ufer. Die Paarung ist unspektakulär, sie dauert wenige Sekunden und vergeht im Flug. Ebenfalls fliegend legt das Weibchen, vom Männchen begleitet, mit wippenden Hinterleibsbewegungen ihre Eier ins Wasser. Die kräftigen Larven, anders als die der Kleinlibellen ohne Kiemenblättchen, leben auf dem Boden und graben sich ein, wenn Wasser knapp wird. Gewöhnlich dauert es zwei Jahre, bis sie sich zum Fluginsekt häutet.

Gemeiner Ohrwurm
Forficula auricularia

Merkmale Flaches, langgestrecktes, braunes Insekt mit kurzen Vorderflügeln und typischen Zangen am Körperende.

Lebensweise Im Gegensatz zu vielen anderen Garteninsekten kennt jeder die Ohrwürmer, weil sie auf der Suche nach Verstecken auch oft ins Haus eindringen. Wir sollten die trotz ihrer Zangen harmlosen Insekten dann vorsichtig wieder nach draußen setzen. Schließlich sind die überwiegend nachtaktiven Ohrwürmer nützliche Helfer bei der natürlichen Schädlingsbekämpfung. Vor allem als Blattlausjäger leisten sie nützliche Dienste. Mit einfachen Ohrwurmverstecken, in Obstbäume gehängt, können wir sie dabei unterstützen – und sie gleichzeitig vom zarten Grün der Salatsetzlinge abhalten, das sie ebenfalls nicht verschmähen. Ohrwurm-Mütter beeindrucken durch ihre ungewöhnlich intensive Kinderpflege. Für die etwa 50 Eier wird eine Höhle gegraben, die auch verteidigt wird. Gegen Pilzbefall werden die Eier geleckt und gewendet. Auch die Jungen werden noch wochenlang betreut!

Grünes Heupferd
Tettigonia viridissima

Merkmale Sehr große, grüne Heuschrecke mit langen Fühlern und langen Flügeln, Weibchen mit kräftigem Legebohrer.

Lebensweise Heuschrecken sind seit biblischen Zeiten als verheerende Ernteschädlinge berüchtigt. Dem Heupferd tut man damit unrecht. Es lebt nicht ausschließlich, aber doch überwiegend räuberisch. Larven stellen Blattläusen nach, die Erwachsenen größerer Beute wie Kartoffelkäferlarven, Raupen oder anderen Insekten, die sie mit den bedornten Vorderbeinen entweder im Sprung oder nach vorsichtigem Anschleichen fangen. Die Hinterbeine sind, wie für Heuschrecken typisch, als Sprungbeine ausgebildet, die das Heupferd notfalls in Sicherheit katapultieren. Außerdem fliegen die großen Insekten sehr gut. Die Musik der Männchen erschallt nicht nur vom Boden, sondern, vor allem abends, auch aus Bäumen. Das Weibchen legt die Eier mithilfe des Legestachels tief in die Erde.

Gemeiner Grashüpfer
Chorthippus parallelus

Merkmale Mittelgroße, grün, braun oder gemischt gefärbte Heuschrecke mit kurzen Fühlern und verkürzten Flügeln (vor allem beim unten abgebildeten Weibchen).
Lebensweise Unter den Kurzfühlerschrecken gibt es neben vielen selten gewordenen einige Arten, die auch im Wirtschaftsgrünland noch zahlreich anzutreffen sind. Darunter ist der Gemeine Grashüpfer einer der häufigsten. Auf

überdüngten Fettwiesen – und das ist heute fast der Normalfall – ist er der Letzte, der das Feld räumt. Die Grashüpfer ernähren sich überwiegend vegetarisch. Ihre Eier legen sie im Boden ab. Wie bei allen Insekten mit unvollständiger Verwandlung gleichen die Larven den Erwachsenen in Lebensweise und Aussehen sehr. Die Geschlechtsreife wird allerdings erst mit der letzten Häutung erlangt. Balzende Grashüpfer verständigen sich musikalisch, bei dieser Art durch Folgen schnell gereihter, kratzender Laute, die in Abständen von drei Sekunden ertönen und etwa eine Sekunde dauern.

Maulwurfsgrille
Gryllotalpa gryllotalpa

Merkmale Große (bis 5 cm), walzenförmige Heuschrecke mit kurzen Fühlern, großem Halsschild und riesigen Grabschaufeln.
Lebensweise Wie ihr Namenspate, der Maulwurf, leben Maulwurfsgrillen oder Werren unterirdisch in selbst gegrabenen Gängen. Sie schätzen die lockere Gartenerde sehr und können lokal sehr häufig sein. Die Wertschätzung des Gärtners für die Maulwurfsgrille hält sich dagegen in engen Grenzen. Durch ihre Grabtätigkeit können Werren Setzlinge unterwühlen und zum Absterben bringen. Neben tierischer Nahrung schätzen sie auch Wurzeln durchaus. Maulwurfsgrillen fliegen gut und können sich so verbreiten. Obwohl man sie nur selten sieht, lassen sich die charakteristischen Gänge leicht finden. Zudem tun sie ihre Anwesenheit nach Heuschreckenart mit lauter Musik kund. Der nächtens aus einem Erdloch tönende, lang anhaltende schnarrende Triller der Männchen lässt sich aber nur schwer orten.

Gemeiner Rückenschwimmer
Notonecta glauca

Merkmale Große (ca. 1,5 cm) Wasserwanze, die gewöhnlich bauchoben unter der Wasseroberfläche hängt; schwimmt mit rudernden Bewegungen der mit Schwimmhaaren besetzten langen Hinterbeine.

Lebensweise Ein „gemein" im Namen bedeutet nichts anderes als „allgemein verbreitet" und häufig. Im landläufigen Sinne gemein kann der Rückenschwimmer aber auch werden, denn er kann mit seinem Saugrüssel so heftig stechen, dass ihm das den volkstümlichen Namen „Wasserbiene" eingetragen hat. Normalerweise dient der wanzentypische Rüssel aber dem Aussaugen von Nahrungstieren. Mit ihrem feinen Tastsinn orten Rückenschwimmer ins Wasser gefallene Insekten. Auch unter Wasser gehen sie auf Jagd. Dank eines zwischen Haaren auf der Unterseite eingeschlossenen Luftvorrates können sie lange tauchen. Er sorgt auch dafür, dass sie sofort wieder nach oben schnellen, sobald sie nicht mehr paddeln. Übrigens fliegen sie auch gut. Neue Gartenteiche werden sofort durch die Luft besiedelt.

Wasserläufer
Gerris-Arten

Merkmale Schlanker Körper mit zwei kürzeren, angewinkelten Vorderbeinen und sehr langen Mittel- und Hinterbeinen.

Lebensweise Rückenschwimmer (s.o.) und Wasserläufer sind beides Wanzenarten, und beide haben es auf im Wasser notgelandete Insekten abgesehen. Während der Rückenschwimmer von unten kommt, jagen Wasserläufer auf der Oberfläche, getragen von der Oberflächenspannung des Wassers und jeweils ruckartig beschleunigt von den langen Mittelbeinen. Die Beine sind wasserabstoßend behaart. Die vorderen dienen dem Beutefang, die hinteren vor allem der Steuerung. Wasserläufer fliegen gut und gehören damit zu den Erstbesiedlern von Teichen. Auch im Frühjahr sind sie oft die ersten, nachdem sie an Land überwintert haben. Wenig später lassen sich die ruppigen Paarungskämpfe beobachten, und noch etwas später wimmelt der Teich von winzigen Wasserläuferkindern, die sich fünfmal häuten, bis sie erwachsen sind.

Rotbeinige Baumwanze
Pentatoma rufipes

Merkmale Groß (1,5 cm), schildförmig mit breiten „Schultern“ und spitzem Hinterleib; lange Fühler; dunkelbraune Färbung mit rötlichem Mittelfleck.
Lebensweise Die Wanze als solche lässt sich vom Käfer auf den ersten Blick an den Flügeldecken unterscheiden. Käfer haben gewöhnlich harte Vorderflügel, die den ganzen Hinterleib bedecken. Bei Wanzen sind die Vorderflügel dagegen deutlich zweigeteilt: Am Grund sind sie fest, spitzenwärts häutig. Außerdem zeichnen sich Wanzen durch eine unvollkommene Verwandlung ohne Puppenstadium und spitze Stechrüssel aus, die der Nahrungsaufnahme dienen. Die meisten Wanzen sind Pflanzensauger, haben jedoch ihre Vorlieben. Die Baumwanze zum Beispiel ist in den oberen Stockwerken aktiv, wo sie einerseits durch Saugen an Früchten schädlich ist, andererseits auch räuberisch lebt, so dass die Bilanz ausgeglichen erscheint.

Blutzikade
Cercopis vulnerata

Merkmale Auffällig schwarz-rotes Farbmuster, Flügel dachförmig zusammengelegt, Fühler sehr kurz.
Lebensweise Zikaden leben wie die meisten Wanzen von Pflanzensäften, die sie mithilfe eines spitzen Stechrüssels abzapfen. Blutzikaden gehören zu den Schaumzikaden, deren Larven sich auf merkwürdige Art vor Austrocknung und Feinden schützen: Sie schäumen eine aus dem After austretende Flüssigkeit auf und verstecken sich vollständig in diesem Schaum, der im Volksmund als „Kuckucksspucke“ bekannt ist. Die weißlich gefärbten Larven der Blutzikaden sieht man allerdings auch ohne diese Vorsichtsmaßnahme nicht: Sie saugen unterirdisch an Wurzeln krautiger Pflanzen. Erst die Erwachsenen kommen ans Licht. Sie sitzen meist reglos an Pflanzenstängeln. Werden sie beunruhigt, schnellen sie mit kräftigem Sprung hoch und fliegen anschließend eine kurze Strecke.

Schwarze Bohnenblattlaus
Aphis fabae

Merkmale Klein (bis 3 mm), schwarz, oft mit weißen Wachsflecken, mit oder ohne Flügel; meist in dichten Kolonien.

Lebensweise Blattlaus ist nicht gleich Blattlaus. Allein in Mitteleuropa lassen sich etwa 850 Arten unterscheiden, die oft sehr wirtsspezifisch sind und eine überaus komplizierte Entwicklung durchlaufen. Die Bohnenblattlaus zum Beispiel überwintert als Ei auf Sträuchern wie dem Pfaffenhütchen. Dort saugen auch die im Frühjahr schlüpfenden Larven. Später entstehen geflügelte Formen, die zu Bohnen, Rüben und auch einigen Zierpflanzen wie der Ringelblume oder der Kapuzinerkresse übersetzen. Nun folgt eine Phase der Massenvermehrung. Natürliche Feinde wie Schlupfwespen werden oft von Ameisen zurückgeschlagen. Diese nutzen die Zuckersaft abgebenden Läuse als „Melkvieh". Im Herbst erfolgt wieder der Wechsel von den Kräutern, die bald absterben, zum Gebüsch.

Florfliege
Chrysopidae-Arten

Merkmale Zart wirkend, mit meist grünem Körper und großen, mit einem sehr dichten Adernetz durchzogenen Flügeln, die dachförmig zusammengelegt werden; Fühler lang und dünn; Augen schillernd (Zweitname „Goldauge").

Lebensweise Tagsüber sitzen Florfliegen gut getarnt zwischen Pflanzen. Nachts brechen sie auf (und werden dann oft von Lichtern angezogen; dort lassen sie sich leicht beobachten).

Besonders geschickte Flieger sind sie nicht, den Ultraschall-Ortungsrufen der Fledermäuse weichen sie aber aus. Die meisten Arten – darunter ist die Gemeine Florfliege die häufigste – besuchen Blüten, einige andere tun das, was sie als Larven bereits getan haben: Blattläuse jagen. Die mit langen, dolchförmigen Kieferzangen bewaffnete Larve ist als „Blattlauslöwe" bei diesen berüchtigt, beim Gärtner beliebt. Die auf zentimeterlangen, dünnen Stielchen balancierenden Eier werden vorsorglich schon in der Nähe von Blattlauskolonien gelegt. Den Winter verbringen Florfliegen an geschützten Orten, nicht selten bei uns im Haus.

Siebenpunkt-Marienkäfer
Coccinella septempunctata

Merkmale Hochgewölbt; Kopf und Halsschild schwarz mit weißen Punkten, Flügeldecken rot mit sieben schwarzen Punkten.

Lebensweise Marienkäfer gibt es in vielen Arten und Farbvariationen. Aber der Siebenpunkt gilt als *der* Marienkäfer schlechthin. Sein gutes Image hat er sich verdient. Sowohl der erwachsene Käfer als auch die bläulich graue, orange Punkte tragende Larve gehören zu den eifrigsten Blattlausjägern im Garten. Die Farbkombination schwarz/rot dient dem Schutz: Marienkäfer schmecken schlecht und warnen

durch diese Signale vor dem Verzehr. Beunruhigte Tiere stellen sich tot und scheiden aus den Kniegelenken gelbliches, giftiges Blut aus. Nicht immer funktioniert diese Abwehr. Raubinsekten und Vögel lassen sich kaum abschrecken. Wie Florfliegen überwintern Marienkäfer als erwachsene Tiere und kommen dazu gern ins Haus, vor allem auf Dachböden.

Gold-Rosenkäfer
Cetonia aurata

Merkmale Großer (bis 2 cm), leuchtend metallisch grüner Käfer mit kleinen weißen Querflecken auf den Flügeldecken.

Lebensweise Beim Umsetzen des Komposthaufens fallen sie uns gelegentlich in die Hände: große, weißliche Larven mit einer braunen Kopfkapsel, die gekrümmt im Humus liegen. Typische Engerlinge – aber anders als die des nah verwandten Maikäfers nicht auf lebende Wurzeln aus, sondern von abgestorbenen Pflanzen lebend. Die Käfer selbst sind eine wahre Augenweide. Sie fressen überwiegend Pollen und besuchen alles, was Blütenstaub in größeren Mengen bietet. Rosen zum Beispiel oder die großen Trugdolden des Holunders sind sehr begehrt. Eine Besonderheit ist die Flugtechnik der großen Brummer: Sie fliegen mit geschlossenen Vorderflügeln. Durch eine Ausbuchtung an deren Rand werden die häutigen Hinterflügel gestreckt.

Kartoffelkäfer
Leptinotarsa decemlineata

Merkmale Hochgewölbt; gelb mit schwarzen Längsstreifen; Larve dick, dunkelorange mit schwarzen Seitenpunkten (Foto unten).

Lebensweise Wer keine Kartoffeln im Garten hat, kann ihm trotzdem begegnen. Die Käfer sind nämlich sehr flugfreudig, was dazu beitrug, dass die ursprünglich aus dem westlichen Nordamerika stammende Art („Coloradokäfer") sich enorm ausbreiten konnte, nachdem sie die Kartoffelpflanze als Nahrungsquelle entdeckt hatte. Heimisch wird sie aber nur dort, wo Kartoffeln wachsen, von deren Kraut sowohl die Larven als auch die erwachsenen Käfer leben. Kartoffelkäfer überwintern im Boden und sind deshalb gleich präsent, wenn die Knollen keimen. Während seines zweijährigen Lebens kann ein Weibchen bis zu 2500 Eier auf die Unterseite der Blätter legen. Bei Massenvermehrung droht Ernteverlust. Dann hilft nur eines: Absammeln.

Stechmücke
Culex pipiens

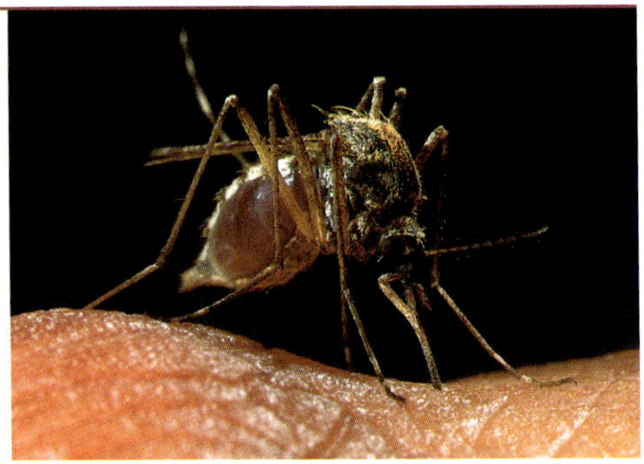

Merkmale Klein, langbeinig und mit langem Stechrüssel; sirrendes Fluggeräusch; Männchen mit büschelförmigen Fühlern.

Lebensweise Stechmücken gibt es überall dort, wo es Wasser gibt. Denn ihre Kinderstube liegt im Wasser, und auch erwachsene Tiere sind anfällig gegen Austrocknung. Deshalb schätzen sie hohe Luftfeuchtigkeit und die feuchte Kühle der Nacht. Große Gewässer sind nicht nötig; eine Regenwassertonne, ein vergessener Eimer oder eine nasse Baumhöhle tun es auch. Vor der Eiablage braucht das Weibchen eine stärkende Blutmahlzeit (die Männchen begnügen sich mit Blütennektar). Dann werden schwarze, schwimmende Pakete aus 200–300 Eier abgelegt. Aus ihnen schlüpfen Larven (Foto links), die mit dem Hinterende schnorchelnd an der Wasseroberfläche hängen und Kleinpartikel filtrieren. Bei Gefahr tauchen sie schlängelnd ab. Auch die Puppe kann sich bewegen. Aus ihr schlüpft dann in Sekundenschnelle das fertige Insekt – als tauche es aus dem Wasser auf.

Kohlschnake
Tipula-Arten

Merkmale Langer, schlanker, grauer Körper, zwei schmale Flügel, sehr lange, dünne Beine.

Lebensweise Schnaken sind besser als ihr Ruf. Wenn sie nachts, vom Licht angezogen, um die Lampen tanzen, ist das kein Grund zur Panik. Schnaken können weder stechen noch beißen. Ihre schwach entwickelten Mundwerkzeuge taugen nur zur Aufnahme von Wasser und Nektar. Die spinnenartig langen Beine helfen beim Balancieren in dichter Wiesenvegetation. Außerdem brechen sie leicht ab, was Räuber verwirrt und so das Leben retten kann. Viel massiger als die grazile Riesenmücke ist ihre Larve, eine mehrere Zentimeter lange, grau gefärbte Made, die im Boden von abgestorbenen Pflanzen lebt, aber auch Wurzeln benagt. Einerseits gehören sie dadurch zu den wichtigsten Humusbildnern, andererseits können sie bei Massenvorkommen Schaden anrichten.

Schwebfliege
Episyrphus balteatus

Merkmale Zweiflügler mit gelbem Hinterleib, der abwechselnd schmal und breit schwarz gebändert ist; kann scheinbar reglos in der Luft stehen.

Lebensweise Neben Marienkäfern und Florfliegen sind viele Arten der Schwebfliegen die Dritten im Bunde der erfolgreichen Blattlausbekämpfer. Anders als bei diesen sind es hier ausschließlich die Larven, die auf Jagd gehen. Als hervorragender Flieger ist die Schwebfliege schnell dort, wo Läusekolonien gute Versorgung für den Nachwuchs garantieren. Die Larve, eine knapp zentimeterlange fuß- und augenlose tarnfarbene Made, braucht mehrere hundert Läuse, bevor sie sich nach etwa zehn Tagen verpuppt und nach einer guten Woche der Puppenruhe schlüpft. Diese schnelle Entwicklung macht mehrere Generationen im Jahr möglich. Die Fliegen selbst, trotz ihrer „Wespenfärbung" völlig harmlos, ernähren sich von Nektar und Pollen und können als Bestäuber eine Rolle spielen.

Schwebfliege („Mistbiene“)
Eristalis tenax

Merkmale Bienenähnlich, aber an den Flügeln (nur zwei statt vier), viel größeren Augen und schwächerer Behaarung leicht zu unterscheiden.

Lebensweise Den Namen Mistbiene trägt diese Schwebfliegenart zu Recht. Die große Ähnlichkeit mit den wehrhaften Bienen verschafft der harmlosen Fliege eine gewisse Sicherheit. Der Mist spielt darauf an, dass sie diesen schätzt. Genauer gesagt: Es sind die wasserlebenden

Larven, die in Kleingewässern häufig sind, aber selbst vor der aus Misthaufen sickernden Jauche nicht zurückschrecken. Die großen weißen Maden ernähren sich von Feinpartikeln und weiden Bakterienrasen ab. Die Luft zum Atmen besorgen sie sich durch einen mehrere Zentimeter langen, teleskopartig ausfahrbaren Schnorchel („Rattenschwanzlarve“). Die Fliegen leben weniger anrüchig. Wie alle Schwebfliegen besuchen sie Blüten. In großer Zahl kann man sie vor allem im Herbst beobachten.

Stubenfliege
Musca domestica

Merkmale Dunkelgrau, Brust hell gestreift, Hinterleib orange mit dunkler Spitze und Mittellinie.

Lebensweise Wenige Insekten haben sich dem Menschen so dicht angeschlossen wie die Stubenfliege. Nicht immer zu unserer hellen Freude, denn die Fliegen können ausgesprochen zudringlich und lästig werden. Außerdem nehmen sie's mit der Hygiene nicht so genau und wechseln schnell vom Stall in die Küche. Ställe sind wahre Brutstätten für die Fliegen, deren Maden sich massenhaft im Mist entwickeln: bis zu 15000 Maden in einem Kilo Schweinekot! Läuft alles gut, verpuppen sie sich bereits nach einer Woche. So werden im Stall bis zu 15 Generationen im Jahr produziert. Abseits von Landwirtschaft und Müllkippen sind Stubenfliegen im Winter selten. Und in Stadtwohnungen machen moderne Vorratshaltung, fugenlose Fußböden und WC selbst ihnen das Leben schwer.

Schwarzgraue Wegameise
Lasius niger

Merkmale Arbeiterinnen etwa 4 mm groß, dunkelbraun bis schwarz, dicht behaart.
Lebensweise Die Schwarzgraue Wegameise gilt als die häufigste heimische Ameisenart und ist auch in vielen Gärten aktiv – und wenn man Pech hat, sogar in Häusern. Die Nester werden meist unter Steinen oder Brettern angelegt. Wer kennt nicht das hektische Gewusel, wenn man beim Hochheben einer Gartenplatte versehentlich einen solchen Bau abdeckt? Schwarzgraue Wegameisen leben hauptsächlich von Schild- und Blattläusen. Allerdings fressen sie diese nicht, sondern nutzen ihre zuckerhaltigen Ausscheidungen, den Honigtau. Gelegentlich überdachen sie die Wege zu ihrem „Milchvieh" sogar mit Erdtunneln. Jedes Nest enthält nur eine Königin. Der Nachwuchs schwärmt im Sommer, meist an warmen Tagen kurz bevor es regnet – dann drängen die geflügelten geschlechtsreifen Ameisen in Massen aus dem Bau und starten zu ihrem kurzen Hochzeitsflug.

Hornisse
Vespa crabro

Merkmale Größte heimische Wespe (2–3,5 cm); Brust schwarz und rotbraun gefärbt, Hinterleib schwarz, rotbraun und gelb. Nest meist hellbraun, nach unten weit geöffnet.
Lebensweise Hornissen sind besser als ihr Ruf. Sie sind nämlich überaus friedlich und weit weniger aggressiv als manche anderen Wespenarten. Auch lässt sie der Kaffeetisch im Garten völlig kalt, da sie fast ausschließlich von anderen Insekten leben. Ärger kann es höchstens geben, wenn sie ihr Nest in Gefahr sehen. Das kann in Baumhöhlen, Nistkästen, Schuppen oder Dachböden liegen. Ein Sicherheitsabstand von zwei Metern genügt. Kommt es doch zum Äußersten: Keine Angst, der Stich einer Hornisse ist nicht schlimmer als der anderer Wespenarten. Mit den ersten starken Frösten hat das Treiben ein Ende. Das gesamte Volk, meist mehrere hundert Kopf stark, stirbt. Übrig bleiben die befruchteten Weibchen, die gut versteckt in Baumspalten überwintern.

Gemeine Wespe
Vespula vulgaris

Merkmale Mittelgroße, schwarz-gelbe Wespe (1–2 cm); Kopfschild gelb mit schwarzer T-Zeichnung.
Lebensweise Neben der gut kenntlichen Hornisse trifft man im Garten einige kleinere Wespenarten, die nicht so leicht auseinanderzuhalten sind. Oft hilft das charakteristische Kopfmuster weiter. Die Gemeine Wespe heißt nicht umsonst so – sie ist die häufigste. Die Art siedelt unterirdisch. Meist werden verlassene Mäusebaue erweitert und in der so entstandenen großen Höhlung das typische Papiernest der Wespen aus zerkautem Holz und Speichel gebaut. Den bescheidenen Anfang macht eine Königin, die den Winter überlebt hat. Gegen Ende der Saison kann das Volk auf über 10 000 Exemplare angewachsen sein, alles Kinder einer einzigen Mutter. Gemeine Wespen können richtig gemein werden, wenn man sich dem unauffälligen Erdloch nähert, das zu ihrem Nest führt. Über Alarmpheromone rekrutieren die dort aufgestellten Wachen Verstärkung. Dann hilft nur schnelle Flucht.

Fliegenspießwespe
Oxybelus uniglumis

Merkmale Kleine (bis 8 mm), schwarze Wespe mit weißen Flecken auf dem Hinterleib und (bis auf die Schenkel) rotbraunen Beinen.
Lebensweise Die umfangreiche Familie der Grabwespen – allein in Deutschland leben 250 Arten – hat sich darauf spezialisiert, andere Gliedertiere zu fangen, zu lähmen und als Larvennahrung in ein selbst angelegtes Nest einzutragen. Die hier gezeigte Art ist eine der häufigsten Grabwespen und auch im Siedlungsbereich nicht selten. Voraussetzung ist eine kleine Fläche trockenen, sandigen Bodens. Hier verraten kleine, von Sandauswurf umgebene Löcher die Kinderstube, die sich 5–10 cm darunter befindet. Während das Weibchen jagt, verschließt es die Haustür. Die Fliegenspießwespe erbeutet nur Fliegen, lähmt sie durch einen Stich und schleppt sie, noch am Stachel hängend, nach Hause. Dort bugsiert sie ihre Beute ins Nest. Die Grabwespen nisten übrigens meist in größerer Zahl und sind dann recht auffällig.

Honigbiene
Apis mellifera

Merkmale Braun, Hinterleib mit gelblichen Haarstreifen; Arbeiterinnen mit „Pollenhöschen“.

Lebensweise Honigbienen werden seit Jahrtausenden genutzt und sind heute als Haustiere weltweit verbreitet. Sie sind aber durchaus in der Lage, ohne menschliche Hilfe zu überleben. Immer wieder begegnet man in Baumhöhlen hausenden „wilden“ Honigbienen. Der in Waben aus Wachs eingelagerte Honig dient den Bienen als Vorrat für Schlechtwetterperioden und hilft über den Winter. Anders als Wespenstaaten überdauern die aus bis zu 80 000 Arbeiterinnen (und einer Königin) bestehenden Bienenvölker Jahre. Nicht nur als Honiglieferanten, sondern auch als Bestäuber spielen Bienen eine große Rolle. Sie sind weitgehend blütenstet, das heißt, sie besuchen während eines Sammelflugs bevorzugt die gleichen Blüten. Gesammelt wird im Magen (Nektar) und in „Körbchen“ an den Hinterbeinen (Pollen). Die dadurch entstehenden Pollenhöschen können ganz unterschiedlich gefärbt sein, je nach besammelter Pflanzenart.

Große Wollbiene
Anthidium manicatum

Merkmale Große Wildbiene (Männchen bis 18 mm) mit wespenartiger schwarz-gelber Zeichnung, Männchen am Hinterleibsende mit kräftigen Dornen.

Lebensweise Neben der allbekannten Honigbiene kommen in blütenreichen Gärten oft noch Dutzende von Wildbienenarten vor. Besonders markant, weil groß und bunt, ist die Große Wollbiene. Überdies fällt sie durch ihr Verhalten auf. Sie fliegt sehr schnell und „zielbewusst“, bleibt dann ruckartig in der Luft stehen, um im Flug auf der Stelle aus der Blüte Nektar zu saugen. Die Männchen besetzen feste Reviere im Garten und bekämpfen einander. Schmetterlings-, Lippen- und manche Rachenblütler gehören zu den bevorzugten Blüten. Wollbienen heißen so, weil die Weibchen wollige Pflanzenhaare abschaben und daraus ihre Brutzellen in vorhandenen Hohlräumen (Erdlöcher, Felsspalten, Schneckenhäuser) formen.

Rote Mauerbiene
Osmia rufa

Merkmale Mittelgroße Wildbiene (8–12 mm); dunkel gefärbt mit dichter Behaarung; Weibchen am Kopf mit zwei Hörnern und schwarz behaarter Stirn, Männchen mit gelb behaarter Stirn und sehr langen Fühlern.

Lebensweise Mauerbienen lassen sich leicht ansiedeln, indem man massive Hartholzklötze mit tiefen Bohrungen versieht und an einer warmen, regengeschützen Stelle aufhängt. Wenn in der Nähe auch Nahrungspflanzen wachsen – und Rote Mauerbienen sind in der Blütenwahl nicht anspruchsvoll – ist eine Belegung fast garantiert. Die Rote Mauerbiene gehört zu den ersten Insekten, die im Frühjahr unterwegs sind. Am Nistplatz trägt sie Pollen ein (am Bauch, nicht in „Höschen" wie die Honigbiene), legt ein Ei dazu, verschließt die Brutzelle mit Lehm und hat damit gleich die Rückwand der nächsten Zelle. So verfährt sie weiter, bis die ganze Bohrung ausgefüllt ist. Das genügt an Vorsorge. Die Biene stirbt, ihr Nachwuchs öffnet im nächsten Jahr die Lehmdeckel.

Ackerhummel
Bombus pascuorum

Merkmale Groß (1– knapp 2 cm); stark behaart, Färbung variabel, oft Behaarung der Brust gelbrot, des Hinterleibs vorne grau, hinten wieder gelbrot.

Lebensweise Hummeln sind an der Größe und dem dichten Pelz leicht kenntlich. Die gut 30 heimischen Arten lassen sich aber nicht immer einfach auseinanderhalten. Wie die nahe verwandte Honigbiene leben Hummeln sozial und sammeln Pollen in „Körbchen" an den Hinterbeinen. Hummelstaaten sind aber kleiner – bei der Ackerhummel 60–150 Tiere – und bestehen nur einen Sommer. Nur die Königinnen überwintern und suchen im nächsten Frühjahr nach günstigen Hohlräumen, in denen sie eine Mooskugel formen, die das eigentliche Nest enthält. Verlassene Mäusenester werden bevorzugt, aber auch oberirdische Nester, zum Beispiel unter Moospolstern, kommen vor. Ackerhummeln lassen sich zwischen März und November an einer Vielzahl verschiedener Blüten beobachten.

Hausmutter
Noctua pronuba

Merkmale Großer Nachtfalter mit braun gemusterten Vorderflügeln und orangegelben, breit dunkel gesäumten Hinterflügeln.
Lebensweise Nachtfalter brauchen tagsüber einen Unterschlupf. Die Hausmutter kommt dazu gerne ins Haus. Vor allem offene Bodenräume und ritzenreiche Keller schätzt sie. Kaum sichtbar – die bunten Hinterflügel sind unter den vorderen verborgen – wartet sie auf die nächste Nacht oder verbringt dort auch mal eine längere Ruhezeit. Die Raupen der Hausmutter sind wenig anspruchsvoll: Alle möglichen niedrigen Kräuter, Kohl- und andere Gemüsearten sowie Gräser werden gefressen. Obwohl ein Gelege über tausend Eier enthalten kann, trifft man sie selten in größerer Zahl. Die Raupe überwintert und verpuppt sich anschließend. Den erwachsenen Faltern begegnen wir zwischen Mai und September.

Taubenschwänzchen
Macroglossum stellatarum

Merkmale Massiger Körper; graubraune Vorderflügel, orange Hinterflügel, breiter, schwarz und weiß gemusterter „Schwanz".
Lebensweise Verwandtschaftlich gehört das Taubenschwänzchen zu den Schwärmern, einer Gruppe sehr flugstarker Nachtfalter. Allerdings ist es etwas aus der Art geschlagen: Es ist überwiegend tags unterwegs. Besonders fällt das Taubenschwänzchen auf, wenn es wie ein Kolibri vor Blüten im Blumenbeet oder dem Balkonkasten schwirrt, seinen langen Saugrüssel ausfährt und Nektar tankt.
Auch als Streckenflieger verblüfft der Schmetterling durch seine Leistungen. Die Falter, die im Mai hierzulande auftauchen, stammen aus Südeuropa. Die Überwinterung gelingt nördlich der Alpen nämlich nur selten. Die Raupen des Taubenschwänzchens, unbehaart grün mit gelben Längsstreifen und dem typischen Schwärmer-Sporn am Hinterteil, fressen Labkraut.

Tagpfauenauge
Inachis io

Merkmale Spannweite bis 6 cm; oberseits rotbraun, auf jedem Flügel ein großer, schwarz, blau und gelb gefärbter Augenfleck, Unterseite schwarz.

Lebensweise Pfauenaugen sind nicht sehr anspruchsvoll und saugen Nektar an sehr vielen verschiedenen Blüten. Die Raupe ist da eingeschränkter: Für sie muss es Brennnessel sein. Da die nährstoffliebenden Nesseln heutzutage allgegenwärtig sind, fehlt es daran aber

nicht. Die schwarzen, bestachelten Raupen leben in großen Gruppen in einem gemeinsamen schützenden Gespinst, das schließlich die ganze Pflanze überzieht. Drei bis vier Wochen fressen sie, dann folgen zwei Wochen Puppenruhe, bis der Falter schlüpft. Meist fliegen zwei Generationen im Jahr. Dann suchen die Falter einen Überwinterungsplatz und überdauern zusammengeklappt in Höhlen, kühlen Kellern oder zugänglichen Dachböden. Auch im Sommer ziehen sich viele Falter hier für einige Zeit aus dem Verkehr.

Kleiner Fuchs
Aglais urticae

Merkmale Spannweite bis 5 cm; Oberseite orange mit schwarz-gelb gemustertem Vorderrand und blauem Fleckensaum.

Lebensweise Der Kleine Fuchs ist in manchem mit dem zur gleichen Familie gehörenden Tagpfauenauge vergleichbar. Beide überwintern als Falter, beide sind recht anspruchslos, was ihre Nahrungspflanzen angeht, beider Kinderstube sind Brennnesseln, und auch die Raupen leben bei beiden Arten gesellig. Sie lassen sich übrigens gut unterscheiden. Die des Kleinen Fuchses haben auffallend gelbe Längsstreifen. Die Raupen lieben besonders frisches Grün: Die Sommergeneration des Falters legt ihre Eier so gut wie nie an alte Brennnesseln, sondern nur an frisch austreibende in gemähten Beständen.

Admiral
Vanessa atalanta

Merkmale Spannweite bis 6 cm; Oberseite schwarzbraun mit roter Binde und auffälliger schwarz-weiß gefleckter Flügelspitze.
Lebensweise Der Admiral ist (neben Tagpfauenauge und Kleinem Fuchs) der dritte im Bunde der Brennnessel-Liebhaber, jedoch leben die Raupen einzeln. Zu sehen sind sie selten, weil sie den Stängel unterhalb der Spitze annagen, so dass er abknickt, und sich dann in die schlaff werdenden Blätter einspinnen. Nur wenigen Faltern gelingt die Überwinterung. Die meisten Admirale, die man im Frühjahr beobachten kann, kommen von weither und stammen wenigstens aus dem südlichen Europa. Im Herbst kann man die Falter wieder zielstrebig nach Südwesten fliegen sehen. Admirale sind ziemlich wählerisch, wenn's ums Fressen geht. Neben dem einheimischen Wasserdost schätzen sie besonders den Sommerflieder, der nicht umsonst auch Schmetterlingsstrauch genannt wird. Außerdem saugen sie hingebungsvoll an süßem Fallobst.

Distelfalter
Cynthia cardui

Merkmale Spannweite bis 6 cm; Oberseite orange mit braunen Flecken und schwarz-weiß gefleckter Flügelspitze.
Lebensweise Kein flatterndes Hin-und-her-Gaukeln, wie es für viele Tagfalter typisch ist, sondern ein geradezu reißender Flugstil zeichnet den Distelfalter aus. Wer ihn fliegen sieht, traut ihm ohne weiteres die Überwindung weiter Distanzen zu – was er auch tut. Distelfalter sind eigentlich Afrikaner. Sie wandern, direkt oder mit einer Etappe in Südeuropa, alljährlich über Mittelmeer und Alpen und schaffen es bis weit über den Polarkreis hinaus. Augenfällig ist, anders als beim Admiral, vor allem die Nordwanderung im Frühjahr. Der Distelfalter ist fast nur in offenem Gelände anzutreffen. Nicht selten sonnen sich die Schmetterlinge morgens, mit weit geöffneten Flügeln auf dem Boden sitzend und genau zur Sonne ausgerichtet. Viele verschiedene Disteln und zahlreiche weitere Pflanzenarten sind als Raupenfutterpflanze nachgewiesen.

Großer Kohlweißling
Pieris brassicae

Merkmale Spannweite bis 6,5 cm; weiß mit schwarzem Spitzenfleck am Vorderflügel, Weibchen zusätzlich beiderseits mit zwei schwarzen Punkten.

Lebensweise Der Große Kohlweißling ist der größte heimische Weißling. Als einem der wenigen Tagfalter wurde ihm das Etikett „Schädling" angeheftet. Seine gelblichen Eier heftet er nämlich in ordentlichen Gelegen aus zehn bis über hundert Eiern vor allem an Kohl, daneben aber auch an manche andere Pflanzenart, überwiegend aus der Familie der Kreuzblütler, im Garten gerne auch an Kapuzinerkresse. Die Zeiten, in denen Kohlweißlinge in ganzen Wolken über die Äcker flatterten, sind aber vorbei und damit sind auch größere Ernteeinbußen Geschichte. Zudem benagen die Raupen fast nur die äußeren Blätter der Pflanze und lassen den eigentlichen Kohlkopf unversehrt. Also: Kein Grund zum Einschreiten, wenn Sie im Hausgarten am Kohl einige der gelb-schwarzen Raupen finden.

Schwalbenschwanz
Papilio machaon

Merkmale Spannweite bis 7,5 cm; schwarz-gelb gemustert mit blauer Binde und Augenfleck am Hinterflügel, der in zwei Zipfeln endet.

Lebensweise Der größte und auffälligste der regelmäßig in Gärten erscheinenden Schmetterlinge ist wärmeliebend und deshalb im Süden wesentlich häufiger als im Norden. Sein Grund, Hausgärten aufzusuchen: Schwalbenschwanz-Raupen fressen unter anderem am Kraut von Möhren und Dill. Bevorzugte Nahrungspflanzen für die Falter sind im Garten Sommerflieder, in der freien Landschaft vor allem Rotklee. Schwalbenschwänze sind „Streuner", die weit herumkommen. Deshalb findet man Raupen auch weit abseits blütenreicher Wiesen, die von den Faltern bevorzugt werden. Die Raupen sind ebenso groß und spektakulär gefärbt wie die Erwachsenen: schwarz-grün geringelt mit roten Punkten. Ärgert man sie, stülpen sie eine abschreckend riechende, orange gefärbte Nackengabel aus.

Spinnen & andere Wirbellose

Große Zitterspinne
Pholcus phalangioides

Merkmale Zart gebaut mit einer Körperlänge von knapp 1 cm und acht sehr langen Beinen. Beunruhigte Zitterspinnen versetzen ihren Körper in schnelle Schwingungen, so dass er optisch verschwimmt.

Lebensweise In unseren Breiten sind Zitterspinnen fast reine Haustiere und kaum im Garten anzutreffen. Weil sie in Gebäuden aber nahezu allgegenwärtig sind, und, im Gegensatz zu anderen Spinnenarten, selbst sterile Neubauwohnungen besiedeln, sollen sie hier vorgestellt werden. Wenn sie in ihren unordentlich und wirr aussehenden Netzen in den Zimmerecken hängen, machen sie einen hinfälligen Eindruck. Das aber täuscht, denn Zitterspinnen erbeuten große Insekten und selbst kräftige Hausspinnen. Von ferne bewerfen sie sie mit klebrigen Spinnfäden und machen sie bewegungsunfähig, bevor sie sich nähern und den tödlichen Biss setzen. Als Eltern sind Zitterspinnen sehr fürsorglich. Die Eipakete werden herumgetragen, bis die Jungen schlüpfen.

Gartenkreuzspinne
Araneus diadematus

Merkmale Kräftig gebaute, große Spinne mit dickem Hinterleib, Weibchen bis 17 mm Körperlänge, Männchen kleiner, braun mit aus Flecken zusammengesetzter weißer Kreuzzeichnung auf dem Hinterleib.

Lebensweise Die großen, perfekt vermaßten Radnetze, die im Morgentau schimmern, stammen oft von ihr. Die Gartenkreuzspinne baut ihr Netz meist in Bodennähe und sitzt selbst im Zentrum des klebrigen Gespinstes, das alle zwei Tage erneuert werden muss. Dazu wird es vorher gefressen und beim Neubau wieder verwertet, wie eine Analyse der aus den Spinndrüsen austretenden Seide ergab. Geduldig wartet die Spinne auf einfliegende Nahrungstiere, die blitzschnell eingepackt und später gefressen werden. Ihren schlechten Ruf als gefährliche Gifttiere haben Kreuzspinnen zu Unrecht. Ihre Giftklauen sind wie die fast aller heimischer Spinnenarten zu schwach, um unsere Haut zu durchdringen.

Hausspinne
Tegenaria atrica

Merkmale Große Spinne, Weibchen bis 18 mm Körperlänge; hellbraun mit feinen dunklen Flecken, sehr lange, behaarte Beine.
Lebensweise Ihr Heim ist ein etwas unordentlich wirkendes Netz, das in einen Seidentrichter mündet, in dem sie sich bevorzugt aufhält. Solange der Standort ergiebig ist, bleibt die Hausspinne zuhause. Ansonsten muss sie wandern. Sie tut das meist nachts und heimlich, wird aber entdeckt, wenn sie sich dorthin vorgewagt hat, wo allzu glatte Wänden kein Entrinnen möglich machen, vorzugsweise in Badewannen. Auch Männchen auf Brautschau fangen sich immer wieder. Mein Tipp: Herausholen und wieder freilassen, entweder im Haus oder im Garten, wo Hausspinnen sich zum Beispiel an Steinmauern ebenfalls wohl fühlen. Hausspinnen mit der Hand zu fangen ist völlig unproblematisch. Wie Kreuzspinnen sind sie für uns harmlos, nicht aber für die Insekten, von denen sie lebt und die sie nach Spinnenart vergiften.

Zebra-Springspinne
Salticus scenicus

Merkmale Kleine Spinne (5–7 mm) mit apartem Zebramuster; riesigen Augen und ruckartiger Fortbewegungsweise.
Lebensweise Wer diese spektakulären Jäger beobachten will, sucht sie am besten an der nächsten sonnenbeschienenen Hauswand oder Trockenmauer. Dort gehen die Zebra-Springspinnen auf Pirsch. Vibrationen des Untergrunds, für andere Spinnen wichtige Informationsquellen, haben für die Springspinne untergeordnete Bedeutung. Sie ortet mögliche Beute im Umkreis von etwa 40 cm mithilfe ihrer Scheinwerferaugen, richtet sich aus und beginnt, sich anzuschleichen. Ist sie kurz davor, heißt es: Safety first. Bevor sie springt, befestigt die Spinne ein Sicherungsseil am senkrechten Untergrund, um nicht abzustürzen. Ansonsten brauchen Springspinnen keine Netze oder ähnliche Utensilien zum Beutefang. Fliegen zählen zu ihren beliebtesten Opfern. Stehen zwei Spinnen einander hoch aufgerichtet gegenüber, handelt es sich übrigens um zwei Männchen, die um ein Weibchen streiten.

Weberknecht
Phalangiidae-Arten

Merkmale Ziemlich kugeliger Körper, nicht deutlich in Vorder- und Hinterteil getrennt; acht sehr lange und dünne Beine.
Lebensweise Weberknechte sind mit den eigentlichen Spinnen nur entfernt verwandt. Letztere haben einen sehr deutlich gegliederten Körper mit einer klaren Taille zwischen dem Vorderkörper, an dem die acht Beine sitzen, und dem Hinterkörper. Bei Weberknechten dagegen sind die beiden Körperteile weitgehend verschmolzen. Sie können weder spinnen noch produzieren sie Gift. Ihre Beine sind durch „Zusatzgelenke" gegliedert, was sie extrem beweglich macht. Im hohen Gras sind Weberknechte damit erstaunlich behände. An Hauswänden, wo man sie ebenfalls häufig antrifft, wirken sie dagegen oft etwas unbeholfen.
Die Beine der Weberknechte lösen sich leicht vom Körper und zucken noch lange, was mögliche Feinde ablenken mag. Ihre eigene Nahrung besteht aus winzigen Insekten und Milben, die sie selbst erbeuten, außerdem aus tot Gefundenem. Übrigens: Die kleinen, orangefarbenen Punkte sind Milben, die den Weberknecht gern als Transportmittel benutzen.

Kellerassel
Porcellio scaber

Merkmale Flacher, aus Segmenten aufgebauter Körper; die sieben Beinpaare von oben kaum sichtbar; lange gegliederte Fühler.
Lebensweise Kellerasseln sind keine Insekten, sondern landlebende Krebse. Wenn sie sich vom Wasser auch weitgehend unabhängig gemacht haben, indem sie zum Beispiel Luft atmen können, lieben sie doch eine gewisse Feuchtigkeit. Wer Kellerasseln sehen will, darf keinen ganz trockenen Keller haben. Im Garten sind sie (oder nahe Verwandte) tagsüber leicht unter Steinen oder Brettern aufzuspüren. Meist findet man hier ganz verschieden große Tiere und oft auch noch einige hohle Panzer, Zeugen des Wachstums durch Häutung. Nachts sind die Asseln dann unterwegs. Werden sie überrascht, haben sie zwei Möglichkeiten: weglaufen oder einigeln und auf den Schutz der Panzerung vertrauen. Asseln ernähren sich von faulenden Pflanzen und Bakterienaufwuchs. Im Kompost sind sie wichtige „Durchgangsstationen". Ihr Kot wird von anderen Kleinlebewesen zu Humus weiter verarbeitet.

Schnurfüßer
Julidae-Arten

Merkmale Tausendfüßer mit langem, drehrundem Körper, wobei jedes Körpersegment zwei Beinpaare trägt („Doppelfüßer").
Lebensweise Schnurfüßer sieht man selten auf der Erdoberfläche herumlaufen. Sie bewegen sich hauptsächlich durch die Laubstreu, von der sie sich auch ernähren. Doppelfüßer sind wichtige Primärzersetzer, also Tiere, die anfallendes organisches Material als erste aufarbeiten und damit für weitere Verwerter zugänglich machen. Entsprechend findet man Schnurfüßer im Garten überwiegend dort, wo altes Laub liegt, an Komposthaufen und in humusreichen Beeten. Der runde Bulldozerkopf erleichtert den Doppelfüßern, sich durchs Erdreich zu bohren. Ihr Außenskelett aus Chitin ist durch Kalkeinlagerungen verstärkt, weshalb man die meisten Arten nur auf kalkhaltigen Böden findet. Übrigens fängt auch ein Tausendfüßer klein an. Frisch aus dem Ei geschlüpft hat er gerade sechs Beine.

Gemeiner Steinläufer
Lithobius forficatus

Merkmale Tausendfüßer mit abgeflachtem Körper, wobei jedes Segment ein Beinpaar trägt; Kopf mit langen Fühlern und Giftklauen, letztes Beinpaar lang und nach hinten gestreckt.
Lebensweise Im Gegensatz zu den gemächlichen Schnurfüßern sind die ebenfalls zu den Tausendfüßern (und hierin zur Gruppe der Hundertfüßer) zählenden Steinläufer äußerst beweglich und agil. Sie bewegen sich auch nicht geradeaus, sondern schlängelnd. Ein weiterer Unterschied: Steinläufer sind Raubtiere. Das Gift aus den beiden Kieferklauen tötet Beutetiere fast augenblicklich. In tropischen Gebieten gibt es Arten, vor denen sich auch Menschen besser in Acht nehmen, die heimischen Arten sind weitgehend harmlos, auch wenn sie manchmal durchaus kräftig zubeißen sollen. Steinläufer sind überwiegend nachtaktiv. Sie leben hauptsächlich in den obersten Bodenschichten und sind am leichtesten zu entdecken, wenn man Steine oder Rindenstücke herumdreht.

Gemeiner Regenwurm
Lumbricus terrestris

Merkmale Bis zu 30 cm lang und aus bis zu 150 gleichartigen Segmenten bestehend; Haut feucht-schleimig und mit zahlreichen kurzen Borsten; geschlechtsreife Würmer mit „Gürtel", der die zwittrigen Geschlechtsorgane enthält.

Lebensweise Regenwürmer heißen sie, weil sie bei starkem Regen ihre überfluteten Gänge verlassen müssen, um nicht zu ertrinken, keineswegs, weil sie den Regen so lieben. Den bis zu zwei Meter tief reichenden Gang verlassen zu müssen, bedeutet oft das Todesurteil. Droht nicht baldiges Austrocknen lauert bestimmt einer der vielen Liebhaber des Wurms auf leichte Beute. Normalerweise bleibt wenigstens das Hinterende in der Röhre, wenn der Wurm nächtens die veralgte Erdoberfläche abweidet oder Blätter in seinen Gang zieht, um sie später, wenn sie beginnen sich zu zersetzen, fressen zu können. Die innige Vermengung von Humus- und Erdteilchen im Kot der Regenwürmer ist Grundlage seiner großen Bedeutung für die ackerbauliche Qualität des Bodens.

Kompostwurm
Eisenia foetida

Merkmale Ähnelt einem kleinen, rot und gelb geringelten Regenwurm; meist 5–8 (13) cm lang; charakteristischer unangenehmer Geruch.

Lebensweise Regenwürmer leben im Boden und meiden Kompost weitgehend. Im eingefahrenen Komposthaufen spielt dagegen der Kompost- oder Mistwurm eine große Rolle. Teilweise in ungeheuren Mengen, im leicht angegammelten Biomüll oft in ganzen Knäueln vorkommend, frisst jeder Wurm jeden Tag etwa die Hälfte seines eigenen Körpergewichts – eine wesentliche Voraussetzung für die schnelle Umsetzung organischer Abfälle. Wo er fehlt, kann man ihn gezielt mit so genanntem „Wurmkompost" einbringen. Aus dem umgebenden Erdreich kann er nicht einwandern. Der Wärme liebende Wurm kommt bei uns nämlich nur in Kompost- und Dunghaufen vor, wo Zersetzungswärme für angenehme Temperaturen sorgen. Beunruhigte Mistwürmer sondern eine übel riechende Flüssigkeit ab. Das hat sogar ihren wissenschaftlichen Namen geprägt: foetidus heißt stinkend.

Große Wegschnecke
Arion ater

Merkmale Große Nacktschnecke, ausgestreckt 10–15 (20) cm lang; Färbung sehr variabel von rot bis dunkelbraun oder fast schwarz, Fußsaum meist rot; Körper längs gerunzelt, nur vorderes Drittel glatt mit seitlichem Atemloch.
Lebensweise Diese Nacktschnecke ist nicht die einzige in Gärten lebende, aber die größte. Bei Gärtnern mindestens ebenso unbeliebt ist die nur 3 cm große, grau gefärbte Garten-Wegschnecke. Wegschnecken sind Allesfresser, bevorzugen aber frisches Grün – jede Nacht ein Drittel bis die Hälfte des eigenen Körpergewichts. Sie lieben Feuchtigkeit. Ist es trocken, verstecken sie sich unterirdisch. Trotz ihrer Größe werden Große Wegschnecken nur ein gutes Jahr alt. Im Herbst ist Paarungszeit (wobei auch Selbstbefruchtung möglich ist). Anschließend werden bis zu 500 weiße, etwa 5 mm große Eier im Boden gelegt. Die Jungschnecken schlüpfen im Spätherbst. Trockenheit und Kälte im Winterhalbjahr bestimmen wesentlich darüber, ob es im nächsten Jahr eine Schneckenplage gibt.

Schnirkelschnecke, Bänderschnecke
Cepaea-Arten

Merkmale Körper weißlich oder hellgrau, Häuschen bis 2,5 cm groß, Grundfarbe gelb, häufig mit (bis zu 5) braunen Längsstreifen; Saum der Gehäuseöffnung je nach Art braun oder weiß.
Lebensweise Schnirkelschnecken treten, wenn es trocken wird, die Flucht nach oben an. Sie klettern teils meterhoch in die Büsche, dichten ihr Häuschen mit einem die Verdunstung hemmenden Silberhäutchen aus erhärtetem Schleim ab und warten auf den nächsten Regen. Jetzt ließen sich die kleinen Schnecken leicht absammeln – was aber keiner tut, denn obwohl Schnirkelschnecken ebenfalls Pflanzenfresser sind, haben sie weit bessere Sympathiewerte als Nacktschnecken. Vielleicht liegt das zum Teil daran, dass sie sich nicht so hemmunglos vermehren. Mehr als 30–50 Eier legen Schnirkelschnecken nicht. Sie werden im Hochsommer in einer kleinen Erdhöhle abgelegt und sind nur etwa 3 mm groß. Drei Wochen später schlüpfen die Jungtiere.

Weinbergschnecke
Helix pomatia

Merkmale Größte heimische Gehäuseschnecke, Häuschen bis 5 cm groß; hellbraun mit etwas dunkleren undeutlichen Bändern.

Lebensweise Weinbergschnecken wird man nur dort antreffen, wo kalkhaltige Böden anstehen. Kalk ist für den Aufbau des großen, stabilen Schneckenhauses unbedingt notwendig. Auch Weinbergschnecken fressen Pflanzen – und bei ihrer Größe gar nicht so wenig – jedoch kommen sie nur in geringer Dichte vor, so dass die geschützte Art kaum lästig wird. Verglichen mit Nacktschnecken werden sie richtig alt: Fünf bis acht Jahre sind keine Seltenheit. Erst mit drei Jahren sind sie weitgehend ausgewachsen und geschlechtsreif. Überwintert wird in der Erde. Dabei wird das Häuschen mit einem massiven weißen Kalkdeckel verschlossen. Ab März kriecht sie wieder, braucht aber über einen Monat, um ihr Herbstgewicht wieder zu erreichen. Die etwa 50 weißen, von einer Kalkschale umschlossenen Eier werden im Hochsommer in eine selbst gegrabene Erdhöhle gelegt.

Weiterführende Literatur

Bellmann, H.: Der neue Kosmos-Insektenführer. Kosmos-Verlag, Stuttgart 1999

Bellmann, H.: Der neue Kosmos-Schmetterlingsführer. Kosmos-Verlag, Stuttgart 2003

Bläute, M. und F.-K. Schembecker: Naturschutz im Garten. Neumann-Verlag, Radebeul 1994

Dreyer, E. und W.: 100 Pflanzen. Kosmos-Verlag, Stuttgart 2001

Gilbert, O. L.: Städtische Ökosysteme. Neumann-Verlag, Radebeul 1994

Hecker, F. und K.: Treffpunkt Teich und Tümpel. Kosmos-Verlag, Stuttgart 2003

Himmelhuber, P.: Nisthilfen für Tiere im Garten. Verlag Georg Callwey, München 1997

Klausnitzer, B.: Ökologie der Großstadtfauna. 2. überarbeitete Auflage. Gustav Fischer-Verlag, Jena und Stuttgart 1993

Neumeier, M.: Das Igel-Praxisbuch. Kosmos-Verlag, Stuttgart 2001

Oberholzer, A. und L. Lässer: Ein Garten für Tiere. Verlag Eugen Ulmer, Stuttgart 1997

Richarz, K.: Natur rund ums Haus. Kosmos-Verlag, Stuttgart 2002

Schmid, U.: Auf gläsernen Schwingen – Schwebfliegen. Stuttgarter Beiträge zur Naturkunde, Serie C, 40. Stuttgart 1996

Schmid, U.: 100 Tiere. Kosmos-Verlag, Stuttgart 2001

Schmid, U. und M. Nebel: Natur in der Stadt. Lebensräume aus zweiter Hand. Stuttgarter Beiträge zur Naturkunde, Serie C, 47. Stuttgart 2000

Schreiber, R. L. (Hrsg.): Tiere auf Wohnungssuche. Deutscher Landwirtschaftsverlag, Berlin 1993

Siemers, B. und D. Nill: Fledermäuse. Das Praxisbuch. BLV-Verlagsges., München 2002

Steinbach/Podloucky/Roché: Froschkonzert am Gartenteich. Kosmos-Verlag, Stuttgart 2001

Stichmann-Marny, U. und E. Kretzschmar: Der neue Kosmos-Tier- und Pflanzenführer, Kosmos-Verlag, Stuttgart 2000

Westrich, P. u. a.: Die Wildbienen Baden-Württembergs. Ulmer-Verlag, Stuttgart 1989

Witt, R.: Der Naturgarten. BLV-Verlagsges., München 2001

Register

Impressum

Mit 241 Farbfotos und 19 Farbillustrationen
Alle Fotos stammen von Hans und Nils Reinhard außer folgende: Angermayer/Rudolf Schmidt (S. 92 u.), Heiko Bellmann (S. 97 o. beide, 97 u.l., 100 u., 101 u., 102 u.l., 103 u., 104 u. beide, 106 u., 107 o., 108 u., 109 u., 118 beide), Joachim Holstein (S. 99 o., M., 101 o., 105 o., 108 o., 110 beide, 11 u., 116 u., 120 o.), Ulrich Schmid (S. 3 u.l., 12 r., 36, 39 l., 46 u., 68, 105 u., 106 o., 106 M., 117 u., 119 u.), Günter Stephan (S. 82 M.) und Peter Zeininger (S. 85 u., 91 u. beide). Die Illustrationen stammen von Wolfgang Lang, Grafenau.

Umschlaggestaltung von eStudio Calamar, Pau (Spanien), unter Verwendung von 4 Fotos von Hans und Nils Reinhard (Vorderseite: Blaumeise, Igel und Marienkäfer, Rückseite: Kleiner Fuchs).

Bibliografische Information Der Deutschen Bibliothek
Die Deutsche Bibliothek verzeichnet diese Publikation in der Deutschen Nationalbibliografie; detaillierte bibliografische Daten sind im Internet über http://dnb.ddb.de abrufbar.

Gedruckt auf chlorfrei gebleichtem Papier

ISBN 3-440-09589-4
Projektleitung: Stefanie Tommes
Lektorat: Bärbel Oftring
Produktion: Siegfried Fischer, Stuttgart
Printed in Czech Republic / Imprimè en Rèpublique Tchèque

KOSMOS

Erlebnis Natur

Den Garten genießen

Das Wasser lebt! Von Wassernuss bis Taumelkäfer und Eisvogel: Mit Hilfe dieses Buches können Sie die besonders reichhaltige Tier- und Pflanzenwelt an Teich und Tümpel ganz einfach entdekken. Es gibt die richtigen Beobachtungstipps und stellt ausführlich die häufigsten Tiere und Pflanzen vor.

- Sicher bestimmen mit über 270 Farbfotos

Hecker/Hecker
Treffpunkt Teich und Tümpel

126 Seiten
271 Abbildungen
gebunden

ISBN 3-440-09384-0

€ 12,90
€/A 13,30; sFr 22,60

Gartenparadiese gestalten, in denen sich Eltern und Kinder wohlfühlen – mit diesem Ratgeber kein Problem. Ob Rankenwigwam oder Erdbeerturm – alle Vorschläge werden Schritt für Schritt beschrieben und sind unkompliziert umzusetzen.

- Spaß und Abwechslung für die ganze Familie

Clare Matthews
Gartenparadiese für Kinder

160 Seiten
250 Abbildungen
gebunden

ISBN 3-440-09333-6

€ 19,90
€/A 20,50; sFr 33,60

www.kosmos.de

INHALT

EINFÜHRUNG

Es ist schon erstaunlich, dass die Höchstgeschwindigkeit des weltweit schnellsten Autos aus Serienproduktion etwa 320 km/h über den Geschwindigkeitsbegrenzungen der meisten Straßen liegt. Viele Besitzer der leistungsstärksten Supersportwagen haben nur selten die Möglichkeit, bis ans Limit Gas zu geben – vielleicht auf einer Rennstrecke oder bei einer Fahrt auf Deutschlands Autobahnen.

Warum gibt es solche Autos überhaupt, warum finden sie Käufer und warum sind sie so begehrt?

Neben dem enormen PR-Vorteil, den der Bau der weltweit schnellsten Autos für die Automobilhersteller bringt, sind die damit verbundenen technologischen Erkenntnisse nicht zu unterschätzen: Die technischen Innovationen, die die Herstellung superschneller Autos mit sich bringt, finden sich später häufig in gängigen Straßenfahrzeugen wieder.

Ein Grund, warum hohe Geschwindigkeiten Hersteller und Käufer begeistern, ist einfach die Liebe zu Autos und der Wunsch, Grenzen auszureizen. Für einige Hersteller ist nicht nur Schnelligkeit wichtig, sondern auch Fahrdynamik, Luxus oder eine Kombination mehrerer Faktoren. Bugatti, SSC, Koenigsegg und andere kämpfen allerdings weiter um den Titel des schnellsten Autos der Welt. Warum? Es sind die gleichen Gründe, mit denen George Mallory die Besteigung des Mount Everest erklärte: sich der Herausforderung zu stellen, sie zu bewältigen und damit etwas zu erreichen, was zuvor als unmöglich galt.

Einen Sportwagen zu bauen, der mit einer Geschwindigkeit von mehr als 400 km/h deutlich schneller als ein Formel-1-Rennwagen fährt, bedeutet eine besondere technische Herausforderung. Der Leistungsbedarf erhöht sich bei Geschwindigkeiten über 320 km/h durch den Luftwiderstand exponentiell.

Gleiches gilt für die Kühl- und Heizsysteme. Außerdem müssen die Luftströme über und unter dem Auto ein empfindliches Gleichgewicht zwischen einer soliden Bodenhaftung und deren Verlust gewähren, der Kraftstoffverbrauch gelangt an einen Punkt, an dem die gefahrenen Kilometer pro Liter kaum mehr in ganzen Zahlen angegeben werden können, und die Reifen gelangen an Belastungsgrenzen, denen sie nur schwer standhalten können.

Der Veyron verfügt im Wesentlichen über zwei in Reihe verbaute V8-Motoren mit 16 Zylindern und vier Turboladern. Die meisten Autos haben einen Kühler, der Veyron hat zwölf. Das Volumen seiner Kraftstoffpumpe ist achtmal größer als bei den meisten Autos, und er verbraucht in einer Minute die gleiche Luftmenge wie ein erwachsener Mann in vier Tagen.

Kaum zu glauben, dass diese schnellsten Autos derartige Geschwindigkeiten erreichen und zugleich mit HiFi-Sound, Satellitennavigation, Klimaanlage und verstellbaren Sitzen den Komfort von Limousinen bieten.

In ihrer Art sind die schnellsten Autos der Welt mit den Autos des Alltags weniger vergleichbar als mit anderen Flaggschiffen moderner Ingenieurskunst. Der Flying Scotsman, der Blue Bird oder die Concorde stehen für den Wunsch, höher, schneller und stärker zu sein. Es gibt viele Gründe, das schnellste Auto der Welt bauen zu wollen, aber der, der Hersteller und Fans vereint, ist ein einfacher Instinkt: schneller zu sein.

VU57 AAK

SEHR SCHNELL

PORSCHE 911 CARRERA 4S

Porsche überraschte alle mit dem Allradantrieb des 911 Carrera 4S, um den der ursprüngliche 911 erweitert wurde.

Ein erstaunlicher Schritt, da der 911 als ungezähmter Supersportwagen mit Heckantrieb der Inbegriff sportlicher Fahrweise war. Doch es gab schon früher 11er-Modelle, die ihre Kraft auf alle vier Räder übertrugen.

Der außergewöhnliche Heckmotor des 911 bringt den Fahrer ans Limit: Die Kontrolle des Sportwagens ist mit seinen spezifischen Herausforderungen purer Nervenkitzel – die Angst vor dem Übersteuern ist für den unerfahrenen Fahrer allgegenwärtig.

Der offensichtliche Vorteil des Allradantriebs ist die Übertragung des Drehmoments auf alle vier Räder, was bei rund 405 PS keine schlechte Sache ist. Bei ungünstigen Bedingungen bietet der Allradantrieb hohe Sicherheit, da er die Leistung auch zu hundert Prozent auf die Vorderachse übertragen kann.

GO 4088

Man könnte dies als Hinweis auf einen gezähmten Carrera 4S werten; er bleibt aber nichtsdestotrotz ein Supersportwagen, der beinahe 306 km/h erreicht und in 4,5 Sekunden auf 100 km/h beschleunigt.

Der 3,8-Liter-6-Zylinder-Boxermotor mit 400 PS (294 KW) und ein Drehmoment von 440 Nm sorgen über ein cleveres 7-Gang-Doppelkupplungsgetriebe für ein schnelles Beschleunigen. Im Sport- und Sport-Plus-Modus werden Fahrwerk, Dynamik und Stoßdämpfung deutlich verbessert.

Der 911 wurde oft als Supersportwagen für Intellektuelle bezeichnet; als 4S könnte er auch ein »Supersportwagen für den Alltag« genannt werden, der unter alltäglichen Bedingungen beachtliche 298 km/h auf die Straße bringt.

TECHNISCHE DATEN

BAUJAHR	2012	**MOTOR**	3,8-Liter-6-Zylinder-Boxermotor
BREITE	1.852 mm	**GETRIEBE**	7-Gang-Schaltgetriebe
HÖHE	1.303 mm	**BESCHLEUNIGUNG 0–100 KM/H**	4,5 Sek.
LÄNGE	4.491 mm	**LEISTUNG**	400 PS (294 KW)
MAX. DREHMOMENT	440 Nm	**BREMSEN**	4-Kolben-Aluminium-Monoblock-Bremssättel mit gelochten Bremsscheiben
HÖCHSTGESCHWINDIGKEIT	298 km/h	**FAHRWERK**	McPherson-Radaufhängung vorne LSA-Mehrlenkerachse hinten

R8
YD58 AEE

AUDI R8 V8

Für Audi ist der Allradantrieb kein Neuland, wie der legendäre Quattro zeigt – daher verwundert es nicht, dass alle seine Supersportwagen über Allradantrieb verfügen.

Der mit einem Mittelmotor ausgestattete Audi R8 wurde mit viel Lob als praktischer und vielseitiger Supersportwagen bedacht, in dem zwar einige Komponenten aus dem etwas älteren Lamborghini Gallardo verbaut wurden, was die urwüchsige Kraft des Wagens allerdings nicht mindert.

Das Herzstück des mit manuellem oder halbautomatischem 6-Gang-Doppelkupplungsgetriebe ausgestatteten R8 ist ein 4,2-Liter-V8-Benziner, der durch Kraft und Traktion superschnelle Schaltungen ermöglicht. Der 8-Zylinder-Motor dröhnt furchteinflößend, wenn sich die Nadel dem roten Bereich nähert.

Der R8 weist im gesamten Drehzahlbereich dank des engstufigen Getriebes eine enorme Kraftübertragung auf, wobei die optionale S-Tronic-Halbautomatik rasante Schaltungen möglich macht. Der Allradantrieb sorgt auch unter schwierigen Bedingungen und bei instabiler Bodenhaftung trotz eines Drehmoments von 430 Nm für Sicherheit.

Bei edler Ausstattung und echter Alltagstauglichkeit werden Autoliebhaber im Wageninneren zahlreiche Ähnlichkeiten zu weniger exklusiven Audi-Modellen feststellen. Auch wenn dies zunächst überraschen sollte, kann der R8 bei einem Preis um die 110.000 Euro nur auf den ersten Blick mit den anderen Autos des Herstellers verglichen werden.

TECHNISCHE DATEN			
BAUJAHR	2006	**MOTOR**	4,2 Liter V8
BREITE	2.029 mm	**GETRIEBE**	6-Gang-Schalt- oder Automatikgetriebe
HÖHE	1.252 mm	**BESCHLEUNIGUNG 0–100 KM/H**	4,6 Sek.
LÄNGE	4.431 mm	**LEISTUNG**	436 PS (321 KW)
MAX. DREHMOMENT	430 Nm	**BREMSEN**	Innenbelüftete Wave-Bremsscheiben, 8-Kolben-Bremssättel vorne, 4 Kolben hinten
HÖCHSTGESCHWINDIGKEIT	301 km/h	**FAHRWERK**	Sportfahrwerk mit Dynamic Ride Control (DRC)

Auch wenn der Wagen mit seinem sportlichen Äußeren den Schwerpunkt aufs Design legt, verfügt der R8 über einen großzügigen Innenraum und jeden Schnickschnack, den der Fahrer eines Oberklassewagens erwartet – und trotzdem muss er eine Runde auf der Rennstrecke nicht scheuen. Denn seine Ausstattung mindert den puren Fahrspaß in keiner Hinsicht, da der Audi so agil ist, wie man es von einem Sportwagen erwartet. Er neigt sich nur wenig in den Kurven, obwohl die Federung nicht übermäßig hart erscheint. Die optional erhältlichen magnetorheologischen Stoßdämpfer sorgen für eine noch bessere Abstimmung von Fahrdynamik und -komfort.

Ein Supersportwagen, der auf der Rennstrecke genauso begeistert wie im alltäglichen Straßenverkehr – das charakterisiert den Audi R8 wohl am treffendsten.

YD58 AEE

MOSLER MT900S

Der Mosler MT900S, der sich nur geringfügig von seinem Vorgänger unterscheidet, ist leicht und schnell. Bei einer Höchstgeschwindigkeit von 306 km/h weist der Mosler eine extreme Beschleunigung auf – in 3,1 Sekunden auf 100 km/h und in 6,6 Sekunden auf 160 km/h.

Der MT900S nutzt einen 5,7-Liter-V8-Motor mit Turbolader von Chevrolet, der in einem Carbon-Aluminium-Chassis 441 PS (324 KW) Leistung erbringt. Das leichte Gewicht ist das Geheimnis seiner enormen Beschleunigung – das Leistungsgewicht nähert sich beeindruckenden 3,08 kg/KW.

Die US-Firma Mosler Automotive gehört von Warren Mosler, einem Finanzexperten mit einer ausgesprochenen Leidenschaft für schnelle, vierrädrige Fahrzeuge. Das 6-Gang-Getriebe basiert auf dem des Porsche 911 GT3 bzw. ist ein Überbleibsel eines sequentiellen Hewland-Getriebes.

Rasch erreicht der von der Corvette stammende 5,7-Liter-V8-Motor seine maximale Leistung von 441 PS (324 KW) bei 5.800 U/min, das Drehmoment liegt bei Höchstgeschwindigkeit bei 542 Nm.

AU05 JUK

Entsprechend kann nur wenig Schmeichelhaftes oder Außergewöhnliches über den Mosler berichtet werden – das ist die Kehrseite eines umgebauten Sportwagens, dem es an jedem Komfort mangelt und dessen Motorenlärm im Inneren ohrenbetäubend ist. Der Einstieg in das Auto erfolgt durch Flügeltüren über eine kräftige Schwelle; der Fahrer sitzt sehr nah am Boden.

Die Lenkung ist direkt, aber schwergängig, und die für einen Rennwagen typische Federung ist derart hart, dass sich der MT900S wohl kaum für eine Spritztour zum Shopping eignet.

Für ein Auto allerdings, das das Beste von der Rennstrecke mit den Anforderungen des Straßenverkehrs zusammenbringt, ist der Mosler ein starkes und extrem schnelles Kraftpaket.

TECHNISCHE DATEN

BAUJAHR	2005	**MOTOR**	5,7 Liter LS6 V8
BREITE	1.998 mm	**GETRIEBE**	6-Gang-Schaltgetriebe
HÖHE	1.041 mm	**BESCHLEUNIGUNG 0–100 KM/H**	3,1 Sek.
LÄNGE	4.730 mm	**LEISTUNG**	441 PS (324 KW) bei 5.800 U/min
MAX. DREHMOMENT	542 Nm bei 4.800 U/min	**BREMSEN**	AP-6-Kolben-Bremssättel mit 378 mm luftgekühlten Bremsscheiben vorne, AP-4-Kolben-Bremssättel mit 355 mm luftgekühlten Scheiben hinten
HÖCHSTGESCHWINDIGKEIT	306 km/h	**FAHRWERK**	Doppelquerlenker vorne und hinten

GB
VU57 AAK

CORVETTE Z06

Nehmen Sie einen Chevrolet Corvette C6-R und bauen Sie Stereoanlage, Ledersitze und Klimaanlage ein. Was kommt raus? In etwa die Z06 – de facto ein Rennwagen, der das Nötigste hat, um für den Straßenverkehr zugelassen zu werden.

Dennoch bleibt die Z06 möglichst nahe am Original: Chevrolet behauptet, der Wagen sei ohne jede Änderung renntauglich. Bei einem Aluminiumrahmen, einer Carbonfaserkarosserie, einem Dach aus einer Magnesiumlegierung und Bauteilen aus Balsaholz überrascht das nicht. Dass die Corvette lächerliche 1.419 kg wiegt, also 68 kg weniger als eine Standard-C6, sorgte jedenfalls für Anerkennung.

Der robuste Chevrolet-V8-Aluminium-Motor bringt 519 PS (382 KW) bei 7.000 U/min und ein Drehmoment von 636 Nm – Zahlen, die nahelegen, dass alles aus dem »Smallblock«-Chevy-Motor herausgeholt wurde.

Ein 6-Gang-Getriebe mit verbessertem Sperrdifferenzial hält Leistung und Drehmoment unter Kontrolle, während bei über 3.500 U/min ein Auslassventil einen Sound entwickelt, der letzte Zweifel über dieses Auto ausräumt.

Der Wagen ist mit einem Magnetic Selective Ride Control (MSRC) ausgestattet, das über die Einstellungen Nass, Trocken, Sport, Sport II und Rennen Unebenheiten auf der Fahrbahn automatisch erkennt, das Fahrwerk entsprechend anpasst und so den Fahrkomfort deutlich erhöht.

Die Z06 beschleunigt in 3,9 Sekunden auf 100 km/h, sodass es nicht überrascht, dass das Auto mit verbessertem Sperrdifferenzial, Traktionskontrolle und vorne mit massiven, renntauglichen 6-Kolben-Bremssätteln ausgestattet ist – ausreichend, um Leistung und Drehmoment immer im Griff zu haben. Doch die Corvette kann auch in einem vergleichsweise ruhigen Modus gefahren werden – die große Übersetzung stellt sicher, dass das Auto schon ab 80 km/h bequem im sechsten Gang fahren kann.

Von der Aerodynamik und dem breiteren Heck abgesehen spricht wenig gegen die Annahme, die Z06 sei eigentlich eine C6. Mit ihrem Stauraum und dem einigermaßen bequemen Innenraum ist die Z06 grundsätzlich alltagstauglich.

Gut geeignet ist sie für enge Straßen, mit denen sie bestens zurechtkommt. Trotz allen Komforts ist die Z06 grundsätzlich ein Supersportwagen. Ihre Herkunft aus dem Rennsport macht sie zu einem Straßenwagen, der Ferrari und Porsche das Fürchten lehrt.

TECHNISCHE DATEN			
BAUJAHR	2004	MOTOR	7,0 Liter V8
BREITE	1.844 mm	GETRIEBE	6-Gang-Automatik
HÖHE	1.245 mm	BESCHLEUNIGUNG 0–100 KM/H	3,9 Sek.
LÄNGE	4.435 mm	LEISTUNG	519 PS (382 KW)
MAX. DREHMOMENT	636 Nm	BREMSEN	6-Kolben-Bremsen vorne, 4 Kolben hinten
HÖCHSTGESCHWINDIGKEIT	306 km/h	FAHRWERK	Aluminium-Doppelquerlenker mit magnetorheologischen Stoßdämpfern

ASTON MARTIN VANTAGE V12

Ein V12-Motor in einem kompakten Vantage Coupé, das auch als Roadster erhältlich ist, steht für mehr Kraft, Drehmoment und Leistung. Der V12 ist mit 517 PS (380 KW) und einem 6,0-Liter-Motor der schnellste Vantage, der bei 6.800 U/min mit Handschaltung im sechsten Gang 306 km/h erreicht und bei 5.750 U/min in nur 4,2 Sekunden mit einem Spitzendrehmoment von 570 Nm auf 100 km/h beschleunigt – was bedeutet, dass er in den verschiedenen Gängen komfortabel zu fahren ist.

Der Wagen verfügt über Carbon-Keramik-Bremsen und geschmiedete Alufelgen, die sein Gewicht unter Kontrolle halten. So bringt der Vantage V12 nur 50 kg mehr auf die Waage als der V8, und die Gewichtsverteilung ist mit 49:51 zwischen Front und Heck nahezu perfekt.

Das tieferliegende und stärkere Fahrgestell verbessert das Handling, und eine »Sport«-Taste, durch die sich das Fahrverhalten grundlegend ändert, steigert die Empfindlichkeit des Gaspedals und lässt den V12 entsprechend aufheulen.

Ein neues Design der hinteren Schraubfedern und überarbeitete Stoßdämpfer sollen helfen, die Kraft des Wagens zu kontrollieren, wobei die Traktionskontrolle die schlimmsten Extreme abfängt. Die Lenkung des V12 ist direkt, die Fahrt ziemlich hart, aber geschmeidig. Die mittlerweile serienmäßigen Carbon-Keramik-Bremsen sorgen für ein problemloses Anhalten.

KX10 G
ASTON MARTIN CV35 0DB

V12 Vantage

Ein breiter Kühlergrill und der niedrige Frontspoiler bestimmen die Front des Vantage, während ein Heckdiffusor aus Carbonfasern, Lüftungsschlitze auf der Motorhaube und Seitenschweller die Luft in und um das Auto führen. Diese funktionalen Elemente geben dem Vantage ein aggressives Aussehen, das seine Wesenszüge nur unterstreicht.

Schon der Vantage V8 ist gewiss nicht brav, die Erweiterungen zum V12 reizen allerdings alles aus. Seine Beschleunigung wirkt brutal, und sein Sound ist irgendwo zwischen beeindruckend und beängstigend einzustufen.

Zugleich bürgt der Name Aston für hochqualitative Autos, die in Design und Verarbeitung hervorragend sind; der 300-Liter-Kofferraum des Wagens ist ungewöhnlich vielseitig und praktisch.

Der Vantage V12 ist der Beweis, dass der Hersteller mehr als nur geräumige, leistungsstarke, aber langweilige Tourenwagen bauen kann – er ist ein typisches Beispiel für das Zusammenspiel von gelungenem Stil und großartiger Leistung.

TECHNISCHE DATEN

BAUJAHR	2007	**MOTOR**	6,0 Liter V12
BREITE	1.865 mm	**GETRIEBE**	6-Gang-Schaltgetriebe, Heckantrieb, Sperrdifferenzial, DSC
HÖHE	1.241 mm	**BESCHLEUNIGUNG 0–100 KM/H**	4,2 Sek.
LÄNGE	4.385 mm	**LEISTUNG**	380 KW (517 S) bei 6.500 U/min
MAX. DREHMOMENT	570 Nm bei 5.750 U/min	**BREMSEN**	Luftgekühlte, gelochte Carbon-Keramik-Bremsscheiben 398 mm vorne, 360 mm hinten
HÖCHSTGESCHWINDIGKEIT	306 km/h	**FAHRWERK**	Doppelquerlenker, Schraubenfedern, adaptive Einrohrstoßdämpfer, Stabilisatoren

KX55 KXM

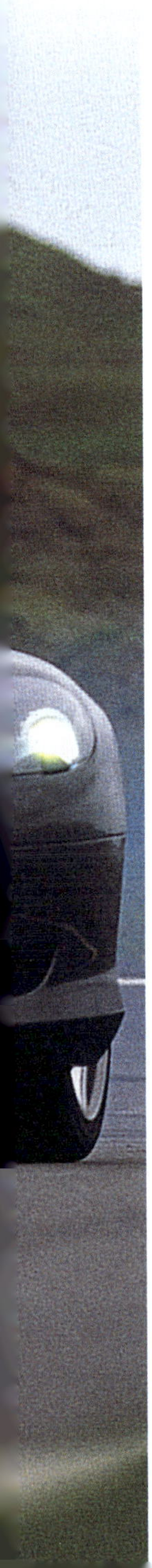

ASTON MARTIN DB9

Der legendäre DB9 ist ein Tourenwagen, der in allem Aston Martins ehemaligem Eigentümer Dave Brown Tribut zollt – er ist cool, elegant und schnittig. Und er fährt gut 300 km/h.

Der 6,0-Liter-V12-Motor des DB9 leistet 477 PS (351 KW), aber es ist das Drehmoment von 600 Nm und seine beeindruckende Zugkraft bei niedrigen Drehzahlen, die den DB9 zu etwas Besonderem machen. Er braucht 4,8 Sekunden auf 100 km/h, und seine Höchstgeschwindigkeit liegt bei 306 km/h. Typisch ist die Art, wie sich die Motorleistung wahlweise über ein manuelles oder ein automatisches 6-Gang-Touchtronic-Getriebe leicht über die am Steuerrad angebrachten Wippen übertragen lässt.

Der Aston Martin 2+2 ist auf gut ausgebauten flachen Straßen zu Hause. Für sie ist er perfekt ausbalanciert, hier glänzt er durch eine ausgezeichnete Kurvenlage und überzeugt bei hohen Geschwindigkeiten – ideal für lange Strecken auf Schnellstraßen oder Autobahnen. Für das Cabrio »Volante« bedeutet das fehlende Dach keinen Leistungsabfall.

Der DB9 ist elegant und ausbalanciert, wie James Bond es sich wünschen würde; innen hat das Auto allerdings mehr Zubehör, als Q hineinpacken könnte. Neben dem üblichen Navigations- und Medienzubehör ist die Sicherheitsausrüstung von Volvo eingebaut (der einzige Hinweis auf seine ehemalige Verwandtschaft mit Ford, Volvo, Jaguar und Land Rover). Sogar ein Ortungsgerät gibt es, damit ihn die Polizei im Falle eines Diebstahls findet; leider fehlt ein Schleudersitz.

Der Aston Martin DB9 ist eine gelungene Kombination aus Leistung und Eleganz, in der die Fähigkeit zur Langstrecke und der feine Umgang mit einem Sportwagen zusammengefunden haben. So gesehen ist auch der neueste Dave Brown ein klassischer Aston Martin.

TECHNISCHE DATEN

BAUJAHR	2008–2012	**MOTOR**	6,0 Liter V12 mit 48 Ventilen
BREITE	1.017 mm	**GETRIEBE**	6-Gang-Schaltgetriebe oder Touchtronic
HÖHE	1.270 mm	**BESCHLEUNIGUNG 0–100 KM/H**	4,6 Sek.
LÄNGE	4.710 mm	**LEISTUNG**	477 PS (351 KW)
MAX. DREHMOMENT	600 Nm	**BREMSEN**	Brembo-Carbon-Keramik-Bremsen
HÖCHSTGESCHWINDIGKEIT	306 km/h	**FAHRWERK**	Einzelradaufhängung an Doppelquerlenkern mit adaptiven Einrohrstoßdämpfern

KX55 KXM

SN57 FBB

RICHTIG
SCHNELL

CADILLAC CTS-V COUPE

Das Cadillac CTS-V Coupé ist ein Sonderling unter den Supersportwagen. Von der CTS-Limousine abstammend, profitiert dieses hochgetrimmte Coupé vom 6,2-Liter-Benzinmotor der Corvette ZR1.

Mit einer enormen Leistung von 572 PS (421 KW) bei 6.100 U/min, einem Drehmoment von 745 Nm bei 3.800 U/min und einer Höchstgeschwindigkeit von 307 km/h erreicht der Wagen klar eine Spitzenposition unter vergleichbar großen Limousinen der Oberklasse. Mit einer Zeit von unter acht Sekunden für die Nordschleife war das CTS-V Coupé bis vor kurzem offiziell das schnellste Serienauto seines Segments.

Der Cadillac sprintet dank seines röhrenden V8, der die Leistung auf die Hinterräder überträgt, innerhalb von 3,9 Sekunden auf 100 km/h. Seine acht Zylinder werden nur durch je zwei Ventile versorgt, die zusätzliche Leistung liefert ein großer Turbolader.

Obwohl das CTS-V nicht wie seine europäischen Rivalen von BMW, Audi und Mercedes für kurvenreiche Straßen optimiert ist, ist der Fahrkomfort hervorragend, da die Cadillac-Aufhängung alle Unebenheiten und Stöße dämpft.

Magnetorheologische Stoßdämpfer sorgen dafür, dass das Auto je nach Straßenzustand und Wunsch des Fahrers

SZW

VX09 SZW
CTS

unterschiedlich gefahren werden kann. Im Sportmodus wartet das Automatikgetriebe mit dem Hochschalten, bis sich die rote Linie nähert. In Modellen mit Handschaltung kann die Fahrdynamikregelung StabiliTrak von General Motors auf »kompetitiv« umgestellt werden, was die Reaktion verbessert.

Das kantig-schnittige Design weist den Cadillac klar als amerikanisches Auto aus; im Innenraum stehen Leder- oder Recaro-Sportsitze zur Auswahl. Die Ausstattung mit Ledersitzen, einem fortschrittlichen Stereo-System mit CD- und MP3-Anschluss, Parksensoren, Tempomat, Klimaanlage und einem eingebauten Navigationssystem ist für einen derart leistungsorientierten Wagen eine Seltenheit.

Die Idee eines »heißen« Cadillac scheint abwegig, aber die schnelle Limousine stellt sich dem modernen Widerspruch von Komfort, wie ihn sich heute die Fahrer für Sport-Limousinen wünschen, und einer phänomenalen Leistung und Geschwindigkeit. Eine aktuellere Version mit futuristischem Design und verbessertem Innenraum wurde 2013 lanciert, bereits 2015 aber wieder eingestellt.

TECHNISCHE DATEN

BAUJAHR	2011	**MOTOR**	6 Liter V8 mit 16 Ventilen
BREITE	1.883 mm	**GETRIEBE**	6-Gang-Schalt-, 5-Gang-Automatikgetriebe
HÖHE	1.422 mm	**BESCHLEUNIGUNG 0–100 KM/H**	4,0 Sek.
LÄNGE	4.808 mm	**LEISTUNG**	572 PS (421 KW)
MAX. DREHMOMENT	747 Nm	**BREMSEN**	Brembo-Carbon-Bremsen
HÖCHSTGESCHWINDIGKEIT	307 km/h	**FAHRWERK**	Individuell steuerbare magnetorheologische Aufhängung

KX57 OYT

ASTON MARTIN DBS V12

Bekannt? Fragen Sie sich, wo Sie den Aston Martin DBS gesehen haben? Es ist das Auto, das James Bond in »Casino Royale« fährt. Und dass es ein Aston ist, hat einen Grund.

Das Original, ein 4,0-Liter-Reihen-Sechszylinder mit 330 PS (242 KW), war 1967 in »Im Geheimdienst Ihrer Majestät« zu sehen. Mit nur wenigen äußerlichen Änderungen zur Verbesserung der Stabilität und zur Reduzierung des Leergewichts ist er zugleich eine Weiterentwicklung des DB9.

Dem DB9 fehlt es weder an Kraft noch an Leistung. Für diejenigen aber, die ein höheres Reaktionsvermögen von ihrem Aston Martin erwarten, gibt es den DBS. Der 6,0-Liter-V12-Benzinmotor bringt eine Leistung von 519 PS (381 KW), mit der das Coupé in etwas mehr als vier Sekunden auf 100 km/h und auf bis zu 307 km/h beschleunigt.

Das mag an der Optimierung des Motors liegen, aber auch leichtere Carbonbauteile in der Karosserie und in den Bremsen tun das Ihre dazu. Die spritzigere Reaktion des DBS beeinträchtigt nicht den Fahrkomfort, da sich der Aston dank des niedrigeren Leergewichts ein wenig wendiger zeigt als der DB9.

Schon Drehmomente von nur 2.500 U/min ermöglichen schnelle Sprints, die dem Auto den Charakter einer Eisenfaust in einem Samthandschuh geben. Der DBS ist ein wunderbarer Tourenwagen und läuft bei Autobahngeschwindigkeit reibungslos.

Viele Hinweise im Auto verraten die Herkunft – der Hinweis »Handbuilt In England« auf den Einstiegsleisten beim Öffnen der Tür sagt alles. Sein klassisch-elegantes britisches Interieur wurde einer Rundumerneuerung unterzogen. Auf die beiden hinteren Sitze wurde verzichtet, um mehr Gepäckraum zu gewinnen. Eine hochwertige Stereoanlage, ein Navigationssystem von Volvo und Bluetooth gehören zu einem Zubehör, das sich James Bond wünschen würde.

Der DBS ist vielleicht nur ein stärkerer, schnellerer, bissigerer DB9, und doch erinnert er zugleich an den alten Aston Machismo des Vanquish S. Er ist der ultimative Aston Martin.

TECHNISCHE DATEN

BAUJAHR	2007–2012	**MOTOR**	6,0 Liter V12
BREITE	1.905 mm	**GETRIEBE**	6-Gang-Schaltgetriebe (optional 6-Gang-Automatik)
HÖHE	1.280 mm	**BESCHLEUNIGUNG 0–100 KM/H**	4,3 Sek.
LÄNGE	4.722 mm	**LEISTUNG**	519 PS (381 KW)
MAX. DREHMOMENT	569 Nm	**BREMSEN**	6-Kolben-Bremssättel mit 398 mm innenbelüfteten, gelochten Bremsscheiben vorne, 4-Kolben-Bremssättel mit 360 mm innenbelüfteten, gelochten Bremsscheiben hinten
HÖCHSTGESCHWINDIGKEIT	307 km/h	**FAHRWERK**	Regulierbare adaptive Doppelquerlenker-Aufhängung

PORSCHE 911 TURBO S

Als einer der vielen Nachfolger des Porsche 911 wird der 911 Turbo S 997 von einem 3,8-Liter-Benzinmotor mit zwei Turboladern angetrieben, die 500 PS (368 KW) und ein Drehmoment von 650 Nm auf die Straße bringen.

Der überholte Motor profitiert von der Hochdruck-Direkteinspritzung und der variablen Steuerung der Einlassventile, die die Effekte einer niedrigen Drehzahlverstärkung und die schnellen Reaktionen eines kleinen Turboladers mit der hochtourigen Kraft eines größeren Turboladers kombiniert. Damit kann bei Beschleunigung ein breites Drehmomentspektrum abgerufen werden, sodass die Beschleunigung auf 100 km/h in 3,7 Sekunden (3,6 mit dem Doppelkupplungsgetriebe) und eine Höchstgeschwindigkeit von 311 km/h erreicht wird.

Doch der 911 Turbo kann noch schneller. Mit dem halbautomatischen Tiptronic-Getriebe beschleunigt er in 3,2 Sekunden auf 100 km/h und erreicht eine Höchstgeschwindigkeit von gut 320 km/h.

Der 911 Turbo S ist mit einem 6-Gang-Schaltgetriebe oder einem 7-Gang-PDK-Direktschaltgetriebe ausgerüstet, um ab 2.100 U/min die Kraft des vollen Drehmoments herauszuholen. Unterstützend wirkt das aktive PTV-Plus-System von Porsche, das die querdynamische Fahrzeugstabilisierung und die Traktion nachhaltig verbessert.

S GO 521

S GO 521

Das Design dieses 911 ist dezent optimiert und begrenzt sich auf einen etwas breiteren Frontlufteinlass, LED-Anzeigen, Tagesfahrlicht und Heckleuchten, widerstandsarme Außenspiegel und größere Endrohre. Das PDK bekommt Schalterwippen, die anstelle der unbeliebten Tasten früherer PDK-Modelle hinter dem Lenkrad montiert sind.

Weitere Fortschritte wurden beim Gewicht erzielt, so wiegt der 911 Turbo S etwa 50 kg weniger als sein Vorgänger. Und mit seinem PTV-Plus-System beseitigt der neue Porsche-Supersportwagen einige der unberechenbareren Unarten des Vorgängermodells und erhöht den Fahrkomfort.

Vielleicht ist er das ausgereifteste Allround-Auto der 911er-Baureihe – zumindest bis zur Markteinführung des 991. Der 997 Turbo ist gleichermaßen Tourenwagen, Supersportwagen und Alltags-Coupé.

TECHNISCHE DATEN

BAUJAHR	2005–2011	**MOTOR**	3,8 Liter Biturbo
BREITE	1.855 mm	**GETRIEBE**	7-Gang-Doppelkupplungsgetriebe
HÖHE	1.270 mm	**BESCHLEUNIGUNG 0–100 KM/H**	3,7 Sek.
LÄNGE	4.245 mm	**LEISTUNG**	500 PS (368 KW)
MAX. DREHMOMENT	650 Nm	**BREMSEN**	gelochte Bremsscheiben, 330 mm
HÖCHSTGESCHWINDIGKEIT	311 km/h	**FAHRWERK**	Doppelquerlenker mit elektronisch gesteuerter Stoßdämpfung

turbo S
S GO 521

NISSAN GT-R SKYLINE

Nissan hatte eine wechselvolle Beziehung zu Supersportwagen, angefangen 1969 beim ersten Skyline bis zum 1990er-Modell, das japanische Sportwagen für eine Generation definierte.

Fünfzehn Jahre später erschien der neue GT-R – ein Sportcoupé, dem der Porsche 911 als Vorbild diente, mit viel Leistung und zu einem günstigen Preis. Den GT-R als Supersportwagen zu klassifizieren wird durch wenige Kennzahlen untermauert: Enorme 541 PS (398 KW) werden von einem donnernden 3,8-Liter-V6-Doppelturbomotor über ein 6-Gang-Direktschaltgetriebe mit aktiven Fahrhilfen auf alle vier Räder übertragen.

In nur 3,0 Sekunden beschleunigt er dank der riesigen Reserven an Leistung und Drehmoment – und einer elektronischen List bei deren Übertragung – auf 100 km/h. Eine Startautomatik hilft bei diesen superschnellen Starts, und die am Lenkrad angebrachten Schalterwippen sorgen für nahtlose Schaltvorgänge. Das Stabilitätssystem kann für die Straße oder die Rennstrecke konfiguriert werden.

Das Äußere des GT-R ist wenig raffiniert. Er ist groß, klobig und aggressiv. Die Unbeholfenheit, die man erwartet, wird allerdings von einem versteiften Chassis widerlegt, das den Wagen extrem wendig macht.

TECHNISCHE DATEN			
BAUJAHR	2007	**MOTOR**	3,8 Liter Biturbo V6
BREITE	1.895 mm	**GETRIEBE**	6-Gang-Automatik DCT
HÖHE	1.369 mm	**BESCHLEUNIGUNG 0–100 KM/H**	3,0 Sek.
LÄNGE	4.656 mm	**LEISTUNG**	558 PS (410 KW)
MAX. DREHMOMENT	632 Nm	**BREMSEN**	Brembo-6-Kolben-Aluminium-Monoblock-Bremssättel mit 380 mm gelochten Scheiben vorne, 4-Kolben-Aluminium-Monoblock-Bremssättel mit 380 mm gelochten Scheiben hinten
HÖCHSTGESCHWINDIGKEIT	311 km/h	**FAHRWERK**	Bilstein-DampTronic-Stoßdämpfung stufenlos verstellbar

Neben seiner Leistung und dem Spitzen-Drehmoment von 632 Nm verfügt der GT-R über hervorragende Bremsen mit sehr geringem Wirkungsverlust und einer fantastischen Bremsleistung.

Das Armaturenbrett weist viele Instrumente auf, die beispielsweise Daten wie die Lenkwinkeleingabe und die Fliehkräfte in einer Kurvenfahrt anzeigen. Zugleich bietet der Wagen einen schönen Innenraum, der ausreichend Platz für vier Personen und einen Kofferraum von 315 Liter bietet.

Für den Fall, dass Zweifel am Fahrkomfort des Nissan-Coupés bestehen, gibt es serienmäßig einen Tempomat, eine hochwertige Stereoanlage und elektrisch verstellbare und beheizte Ledersitze.

Dennoch ist dieses Auto in erster Linie um der Leistung willen gebaut, mit einem Motor, der mit der Kraft und dem Drehmoment, die er entwickelt, jeder Erwartung widerspricht. Mit seiner Beschleunigung und einer Höchstgeschwindigkeit von gut 310 km/h stellt der GT-R viele teurere Supersportwagen in den Schatten und räumt durch sein unbestreitbar verblüffendes Tempo mit jeder snobistischen Anwandlung auf.

NISSAN
GT
R

NISSAN

TVR TUSCAN

Wenige superschnelle Autos sind Cabriolets – beim TVR Tuscan kam das Cabrio zuerst und blieb tonangebend.

Der Mix aus Leistung, Design und Erschwinglichkeit machen den TVR zu einem attraktiven Auto für Fahrer, die viel Nervenkitzel für wenig Geld suchen. Und doch muss man den TVR-Modellen zugestehen, dass sie ihren Hardcore auf jeden Fall verdienen, ganz zu schweigen von ihrem Temperament.

Dank der ungezügelten Leistung gehört der Tuscan zur gleichen Elite wie ein Porsche, Aston Martin, Ferrari und Lamborghini. Das 4,0-Liter-S-Modell etwa leistet über 406 PS (298 KW), mit denen in 3,8 Sekunden auf 100 km/h beschleunigt und eine Höchstgeschwindigkeit von 314 km/h erreicht wird. Der 6-Zylinder-Reihen-Motor aus Aluminium bringt seine Leistung über ein 5-Gang-Doppelkupplungsgetriebe auf die Straße.

Der relativ niedrige Verkaufspreis, für den dieses Kraftpaket zu haben ist, verlangt an anderer Stelle nach Einsparungen. Dach und Heckscheibe, die standardmäßig über dem großen Kofferraum verstaut werden, sind abnehmbar, und die Klimaanlage galt beim Kauf des Tuscan als optionales Zubehör.

Wie dem auch sei, der Kofferraum ist überraschend groß, und der Fahrer ist in einer schlichten Lederausstattung eingebettet, die sich von der polierten Aluminiumschaltung auffallend abhebt. Alle Informationen erscheinen auf Zifferblättern und Leuchtanzeigen unmittelbar im Blickfeld des Fahrers.

S6 TVR

Viel Arbeit hat man in den Sound des Tuscan investiert dessen Motor eindrucksvoll aufheult, wenn man das Gaspedal niederdrückt. Dabei täuscht die Akustik nicht über die wahren Talente des Wagens. Im Vergleich zu seinen Hauptkonkurrenten wie einem Ferrari, Lamborghini und Porsche gehört das Auto mit 1.100 kg im Sportwagensegment zu den Leichtgewichten.

Ohne viele elektronische Hilfsmittel verlangt der TVR Tuscan von seinem Fahrer Respekt. Starke Bremsen und das relativ leichte Leergewicht sorgen dafür, dass der Tuscan so schnell bremst, wie er beschleunigt. Zur zusätzlichen Sicherheitsausrüstung gehören integrierte Überrollbügel.

TECHNISCHE DATEN

BAUJAHR	1999–2006	**MOTOR**	4 Liter, 6 Zylinder
BREITE	1.810 mm	**GETRIEBE**	Sequentielles 6-Gang-Getriebe
HÖHE	1.200 mm	**BESCHLEUNIGUNG 0–100 KM/H**	3,8 Sek.
LÄNGE	4.235 mm	**LEISTUNG**	395 PS (291 KW)
MAX. DREHMOMENT	420 Nm	**BREMSEN**	4-Kolben-Bremssättel mit 322 mm luftgekühlten Bremsscheiben vorne, 1-Kolben-Bremssättel mit 298-mm-Bremsscheiben hinten
HÖCHSTGESCHWINDIGKEIT	314 km/h	**FAHRWERK**	Stabilisatoren

Lamborghini

LAMBORGHINI GALLARDO SUPERLEGGERA

Der Lamborghini Gallardo Superleggera, 2003 auf dem Genfer Autosalon vorgestellt, ist eine überarbeitete Leichtbauversion des Gallardo Coupé. Angetrieben von einem 5,0-Liter-V10-Benziner mit 40 Zylindern liefert er bei 8.000 U/min 529 PS (389 KW) und bei 4.250 U/min ein Drehmoment von 510 Nm. In 3,8 Sekunden erreicht er 100 km/h. Außerdem wurde der Bremsweg gegenüber dem Coupé deutlich verkürzt.

Um das Gewicht zu reduzieren, wurden in dem Wagen viele Teile aus Carbonfasern verbaut – selbst bei Türverkleidungen, Sportsitzen, der Motorabdeckung und dem festen Heckflügel. Gleichzeitig ist für die Motorabdeckung Glas durch transparentes Polycarbonat ersetzt und die Heckscheibe aus ähnlich leichtem Macrolon hergestellt worden.

Der Superleggera, wörtlich das Superleichtgewicht, profitiert von etwas mehr Leistung aufgrund einer neuen elektronischen Steuereinheit. Bei höheren Drehzahlen sind 9 PS (7 KW) mehr verfügbar, während das Ausgangsdrehmoment das gleiche bleibt. Inzwischen gibt es neue Krümmer und eine neue Auspuffanlage.

Skorpious-Leichtmetallräder mit schmalen Speichen aus geschmiedetem Magnesium tragen genauso zur Gewichtsreduzierung bei wie Radmuttern aus Titan. Die optionalen Carbon-Keramik-Bremsen sind allerdings nicht leichter als die Standardbremsen aus Gusseisen.

SN57 FBB
UNN

Besonders auffällig ist das Motorgeräusch des Superleggera, da man auf die Schalldämpfung im Motorraum verzichtet hat. Sowohl eine klassische Handschaltung als auch Schalterwippen sind lieferbar.

Unterm Strich ist der Superleggera nach all den Tricks und Kniffen mit 1.420 kg auch mit Allradantrieb 100 kg leichter als das Gallardo Coupé. Und für ein Auto seiner Größe und Klasse ist er tatsächlich ein »Fliegengewicht«.

TECHNISCHE DATEN

BAUJAHR	2007	**MOTOR**	5 Liter V10 mit 40 Ventilen
BREITE	1.900 mm	**GETRIEBE**	Sequentielles 6-Gang-Getriebe
HÖHE	1.165 mm	**BESCHLEUNIGUNG 0–100 KM/H**	3,8 Sek.
LÄNGE	4.300 mm	**LEISTUNG**	529 PS (389 KW) bei 8.000 U/min
MAX. DREHMOMENT	510 Nm bei 4.250 U/min	**BREMSEN**	Carbon-Keramik-Bremsscheiben mit 6-Kolben-Bremssätteln
HÖCHSTGESCHWINDIGKEIT	315 km/h	**FAHRWERK**	Aluminium-Doppelquerlenker vorne und hinten, Stabilisatoren

BL57 UNN

SN57 FBB

FERRARI F430

Der Ferrari F430, oft als »bestes Auto« ausgezeichnet, war wohl der bestimmende Allround-Supersportwagen seiner Zeit. Der mit Mittelmotor und Heckantrieb ausgestattete Ferrari war als Berlinetta Spider Cabriolet ab 2004 als Nachfolger des 360 Modena erhältlich.

Mit einem 4,3-Liter-V8-Motor, der 490 PS (360 KW) leistet und ein Drehmoment von 465 Nm entwickelt, brachte der Wagen eine Leistung und ein Drehmoment, wie sie für den 3,6-Liter-Motor seines Vorgängers unerreichbar waren.

Der F430 verfügt über ein von der Formel 1 inspiriertes sequentielles Getriebe, sodass ein Schaltvorgang nur 150 Millisekunden dauert – zugleich gibt es den Wagen allerdings auch mit einem 6-Gang-Schaltgetriebe. Ebenfalls aus dem Motorsport stammen das elektronische Differential und der am Lenkrad angebrachte Schalter, der es erlaubt, die Traktions- und Stabilitätskontrollsysteme anzupassen. Dieses »Manettino« ermöglicht fünf verschiedene Fahrmodi – von eisglatter Fahrbahn über eine geringe Haftung und den Sport- bis hin zum Renn- und Expertenmodus – und reguliert die Schaltzeiten, die Motorsteuerung und die elektronische Skyhook-Stoßdämpfung.

Die Karosserie des F430 ruht auf einem Aluminiumrahmen; einige ihrer Details wurden vom 360 und vom Enzo übernommen. Er wiegt 10 Prozent mehr als der 360, profitiert aber von einer verbesserten Torsionssteifigkeit für ein verbessertes Aufprallver-

halten. Mit der neuen Schnauze und einer optimierten Aerodynamik ist auch der Abtrieb zur Unterstützung der Traktion besser. Ferrari behauptet, der F430 beschleunige in vier Sekunden auf 100 km/h und erreiche eine Höchstgeschwindigkeit von 315 km/h. Aber auch mit 490 PS (360 KW) und einem Mittelmotor ist der neue Ferrari ein erstaunlich benutzerfreundlicher Wagen – die Stabilitätskontrolle des elektronischen Differenzials, die direkte Lenkung und einige Tonnen Abtrieb sind kombiniert, um den F430 im Vergleich zu einigen Konkurrenten leicht fahren zu können.

Im Innenraum gibt es viel Kopf-, Bein- und Armfreiheit mit einem beachtlichen Handschuhfach und 250 Liter Stauraum unter der Motorhaube, während das Daytona-Design der Sitzbezüge dem Preis entspricht. Besonders angenehm ist das Carbonfaser-Lederlenkrad.

All dies macht den Ferrari F430 zu einem fantastischen Rennwagen mit ausreichender Alltagstauglichkeit und einem Innenraum, der für tägliche Fahrten geeignet ist.

TECHNISCHE DATEN

BAUJAHR	2004–2009	**MOTOR**	4,3 Liter V8
BREITE	1.923 mm	**GETRIEBE**	Sequentielles 6-Gang-»F1-Getriebe«
HÖHE	1.214 mm	**BESCHLEUNIGUNG 0–100 KM/H**	4,0 Sek.
LÄNGE	4.511 mm	**LEISTUNG**	490 PS (360 KW)
MAX. DREHMOMENT	465 Nm	**BREMSEN**	Brembo-4-Kolben-Bremssättel mit Molybdän
HÖCHSTGESCHWINDIGKEIT	315 km/h	**FAHRWERK**	Gewindefahrwerk, vorne und hinten höhenverstellbar mit Anti-Dive- und Anti-Squat-Technologie

OV62 VDY

AUDI
R8 V10

Der Audi R8 V8 bringt reichlich Leistung; wer allerdings etwas mehr von einem Lamborghini haben möchte, liegt mit dem R8 V10 genau richtig. Durch den 5,2-Liter-V10-Benziner des Gallardo verfügt er über 551 PS (405 KW), die ihn in 3,9 Sekunden auf 100 km/h beschleunigen und den Wagen in der Spitze auf rund 320 km/h bringen.

Nicht nur die Leistung stimmt, sondern auch das Drehmoment. Der Motor liefert bis zu 8.700 U/min, sodass das Getriebe ausgesprochen dynamisch reagiert und die Beschleunigung beeindruckt. Der V10 Plus hat eine neue S-tronic-7-Gang-Automatik, deren extrem schneller Gangwechsel den Sprint in nur 3,5 Sekunden ermöglicht. Für ein noch direkteres Handling sorgt ein tieferliegendes, versteiftes Sportfahrwerk, während beim V10 Plus die serienmäßigen Keramikbremsscheiben nahezu ohne Wirkungsverlust arbeiten.

Das Fahrverhalten des Standardmodells ist mit serienmäßigen Comfort-Magnetic-Fluid-Stoßdämpfern komfortabel, doch es ist direkt, dynamisch und fordernd. Dafür sorgt der Heckantrieb, der im Bedarfsfall die Beschleunigung dank des Allradantriebs des Quattro auf alle vier Räder verteilt.

Der Wagen ist sowohl als Coupé als auch als Spyder mit Soft-Top lieferbar, wobei sich beim Cabriolet das Fahrverhalten geringfügig ändert.

Alle Modelle sind mit LED-Tagesfahrlicht und LED-Heckleuchten ausgestattet, der V10 zusätzlich noch mit speziellen 19-Zoll-Leichtmetallfelgen im Y-Design und ausgeprägteren Seitenschwellern. Auch ein Navigationssystem, ein Audi-Sound-System mit integriertem Bluetooth, Sitzheizung und LED-Lampen innen sind integriert.

Dank der erhöhten Leistung und des Drehmoments kann der R8 V10 auf der Rennstrecke gut gegen den Porsche 911 und den Aston Martin Vantage antreten; auch mit dem Ferrari 458 Italia und seinem Teamkollegen Lamborghini Gallardo kann der Audi-Supersportwagen mithalten.

TECHNISCHE DATEN

BAUJAHR	2008	**MOTOR**	5,2 Liter V10
BREITE	2.029 mm	**GETRIEBE**	7-Gang S-tronic
HÖHE	1.252 mm	**BESCHLEUNIGUNG 0–100 KM/H**	3,9 Sek.
LÄNGE	4.431 mm	**LEISTUNG**	551 PS (405 KW)
MAX. DREHMOMENT	530 Nm	**BREMSEN**	Wave-Bremsscheiben, innenbelüftet, 8-Kolben-Bremssättel vorne; 4-Kolben hinten
HÖCHSTGESCHWINDIGKEIT	315 km/h	**FAHRWERK**	Sportfahrwerk mit Luftfederung und stufenlos adaptiver Stoßdämpfung

BMW ALPINA B5 S

Der ALPINA B5 S, einer der schnellsten BMW der Firmengeschichte, ist eine Weiterentwicklung des BMW M5, der als Straßenwagen auf der Autobahn phänomenale Geschwindigkeiten erreicht.

Während BMW normalerweise auf Motoraufladung und Automatikgetriebe verzichtet, nutzt der B5 S beides, sodass diese große viertürige Limousine es auf 317 km/h bringt und damit weltweit zu den schnellsten Autos ihrer Klasse gehört. Damit könnte der Alpina B5 S den Aston Martin DBS schlagen.

Die S-Version wird von einem 4,4-Liter-V8-Motor von BMW angetrieben, der seine 537 PS (395 KW) über ein 6-Gang-Automatikgetriebe weitergibt, das mit zwei Wippen auf der Lenkradrückseite gesteuert wird.

Trotz seines Gewichts erreicht der Alpina S dank des hohen Drehmoments von 725 Nm, das im gesamten Drehzahlbereich spürbar ist, ein beeindruckendes Tempo. Ein Bremsdifferenzial hält die Hinterräder unter Kontrolle.

20-Zoll-Leichtmetallfelgen übertragen die gesamte Leistung des Alpina auf die Straße; unterstützt werden sie dabei durch die Aufhängung, die elektronische Stoßdämpfung von BMW und die Möglichkeit, die Aufhängung je nach Bedarf zu ändern. Dank der Sport-Taste reagiert der Motor deutlich schneller und fördert so das Rennpotenzial des B5 S zutage.

ALPINA
B5 S
FJ57 CFF

TECHNISCHE DATEN

BAUJAHR	2005	**MOTOR**	4,4 Liter V8 Biturbo
BREITE	1.860 mm	**GETRIEBE**	8-Gang-Automatik, Hinterradantrieb
HÖHE	1.464 mm	**BESCHLEUNIGUNG 0–100 KM/H**	4,6 Sek.
LÄNGE	4.899 mm	**LEISTUNG**	530 PS (390 KW) bei 5.500 U/min
MAX. DREHMOMENT	725 Nm bei 4.750 U/min	**BREMSEN**	Bremsscheiben (374 mm vorne, 370 mm hinten) mit automatischer Trocknung
HÖCHSTGESCHWINDIGKEIT	317 km/h	**FAHRWERK**	Alpina Sport-Fahrwerk

Komfort- und Normaleinstellungen machen den B5 S jedoch auch zu einem alltagstauglichen Fahrzeug, was ihn im Vergleich zum wilderen M5 beliebter macht. Für Fahrer, die ein Auto mit besserem Handling als beim Ausgangsmodell M5 suchen, bietet der B5 S eine gute Alternative.

Der Alpina läuft dem M5 zwar nicht den Rang ab, verfügt aber immer noch über eine phänomenale Leistung und bleibt ein viertüriges Familienauto, das gut 320 km/h schnell fährt.

FERRARI 612 SCAGLIETTI

Mit 547 PS (403 KW) wurde der Ferrari 612 Scaglietti mit Heckantrieb als schnellstes viertüriges Auto der Welt angekündigt. Auch wenn Bentley dies vielleicht in Zweifel gezogen hätte, beträgt die offizielle Höchstgeschwindigkeit beeindruckende 320 km/h.

Der 5,7-Liter-V12-Motor mit 539 PS (397 KW) überträgt ein Drehmoment von 588 Nm auf die Hinterräder und beschleunigt den Wagen in gut vier Sekunden auf 100 km/h. Seine Leistung entfaltet sich träge, und sein schon bei niedriger Drehzahl hohes Drehmoment steigert sich bis auf 5.250 U/min.

Das Getriebe an der Hinterachse schaltet – vor allem im Automodus – glatt; die zur Auswahl stehenden dynamischen Einstellungen erlauben es, den 612 als luxuriösen Grand Tourer oder auf der Rennstrecke zu fahren. Im Sportmodus schaltet der 612 die elektronischen Hilfsmittel aus.

Die Motorleistung wird über ein automatisiertes F1-6-Gang-Getriebe übertragen. Das »Manettino« von Ferrari, ein aus der Formel 1 übernommener Taster am Steuer, an dem der Fahrer zwischen fünf verschiedenen Fahrmodi wählen kann, kam erst später hinzu.

Die geschwindigkeitsabhängige Lenkung, die bei hohem Tempo leicht- und in der Stadt schwergängiger ist, erhöht die Alltagstauglichkeit des Autos trotz seiner sagenhaften 4,902 m Länge.

Mit seinem geräumigen Inneren bietet das Armaturenbrett eine gelungene Mischung aus analogen Tasten und digitalen Anzeigen; auf einer Plakette, die die letzten fünf Formel-1-Titel in der Konstrukteurswertung auflistet, wird an das Erbe von Ferrari erinnert.

Die vier Sitze geben sicheren Halt und sind elektrisch verstellbar. Der 612 lässt sich schwer einordnen, doch eine Aufzählung seiner Ausstattungsmerkmale wie Xenon-Scheinwerfer, eine adaptive Aufhängung, Kofferraum mit Zentralverriegelung, Parksensoren, ein Navigationssystem und ein Audiosystem von Bose mit kabelloser Bluetooth-Verbindung und einem 15-GB-Musikserver macht die Klassifizierung als Grand Tourer am naheliegendsten.

Die aus dem Motorsport stammenden Grundlagen des 612 Scaglietti stellen sicher, dass es der Ferrari mit ähnlich leistungsstarken Grand Tourern aufnehmen kann; seine zugleich unaufgeregte Art bietet darüber hinaus echtes Potenzial für den Alltag.

TECHNISCHE DATEN

BAUJAHR	2004–2011	**MOTOR**	5,7 Liter V12
BREITE	1.956 mm	**GETRIEBE**	6-Gang-Schaltgetriebe oder 6-Gang-F1A-Halbautomatik
HÖHE	1.344 mm	**BESCHLEUNIGUNG 0–100 KM/H**	4,3 Sek.
LÄNGE	4.902 mm	**LEISTUNG**	539 PS (396 KW)
MAX. DREHMOMENT	588 Nm	**BREMSEN**	8-Kolben-Bremssättel vorne, 4-Kolben-Bremssättel hinten, 380 mm Keramik-Scheiben
HÖCHSTGESCHWINDIGKEIT	320 km/h	**FAHRWERK**	Doppelquerlenker mit aktiver Radaufhängung

BENTLEY CONTINENTAL FLYING SILVER SPUR

Die legendär schnellen Modelle von Bentley kamen ab 1923 auf den Markt, und der Bentley Continental Flying Spur Speed stellt sich mit 608 PS (447 KW) diesem Erbe. Er ist der schnellste viertürige Bentley, der einerseits einzigartige Agilität und Fahrspaß verspricht, andererseits aber auch die Zuverlässigkeit und den Komfort bietet, für den der Name Bentley steht.

Mit dem 6,0-Liter-W12-Motor des Continental GT Speed Coupé mit 608 PS (447 KW) ist der viertürige Bentley Flying Spur Speed ein erschreckend schneller 2,5-Tonnen-Riese. Dank der verbesserten Motorsteuerung des W12 kann er in 4,5 Sekunden auf 100 km/h beschleunigen und eine Höchstgeschwindigkeit von gut 320 km/h erreichen. Die Erhöhung von Leistung und Drehmoment beim Bentley bedeuten, dass 750 Nm schon ab 1.750 U/min zur Verfügung stehen.

Um diese enorme Leistung und das Drehmoment in den Griff zu bekommen, wurden die Federbeine samt Stoßdämpfern und Querstabilisatoren genauso nachgerüstet wie die überarbeitete geschwindigkeitsabhängige Lenkung. Die überarbeitete Stabilitätskontrolle von Bosch ermöglichte eine zusätzliche Steuerung der Fahrdynamik, etwa die Verbesserung des Radschlupfs bei höheren Geschwindigkeiten.

1 WO

Mit schnellerem Reaktions- und sportlicherem Fahrverhalten bietet er auch ein besseres Handling als sein Schwestermodell. Der Flying Spur Speed profitiert von einer neu entwickelten Aufhängung, einer geringeren Bodenfreiheit und einer neu eingestellten Lenkung für mehr Agilität und Fahrkomfort. Bentley behauptete, dass der Continental Flying Spur Speed nach Überarbeitung von ESP-System und Aufhängung in der Lage wäre, bei einem Tempo von 100 km/h mit einem Bremsweg von 33 Metern auszukommen und eine Querbeschleunigung von über 0,95 g zu meistern.

Es gibt einige unauffällige Designmerkmale, die für den Bentley Flying Spur Speed typisch sind, darunter die dunkle Tönung von Kühlergrill und unteren Lufteinlässen, die breiter dimensionierten Abgasrohre, die Zierbleche an allen vier Türen, ein Dreispeichen-Sport-Lederlenkrad, gelochte Pedale und ein Schalthebel mit gerändeltem Chromring.

Die klassische englische Qualität bestimmt das Interieur. Die Innenausstattung wird von Leder, Holz und Metall dominiert; als Zubehör werden hochwertige Ablagen mit Schminkspiegeln angeboten.

TECHNISCHE DATEN

BAUJAHR	2009–2013	**MOTOR**	6,0 Liter W12-Biturbo
BREITE	1.915 mm	**GETRIEBE**	6-Gang-Tiptronic-Automatik
HÖHE	1.478 mm	**BESCHLEUNIGUNG 0–100 KM/H**	4,5 Sek.
LÄNGE	5.306 mm	**LEISTUNG**	608 PS (447 KW)
MAX. DREHMOMENT	750 Nm	**BREMSEN**	Keramikbremsscheiben, optional mit Bosch ESP 8.1 Elektronische Stabilitätssteuerung
HÖCHSTGESCHWINDIGKEIT	322 km/h	**FAHRWERK**	Vierlenkerachse vorne; Mehrlenkerachse hinten, 10 mm tiefergelegt

BENTLEY CONTINENTAL GT

Ein atemberaubendes Coupé, das die klassische Bentley-DNA mit Design und Technik von heute verbindet und dabei die Leistung eines Supersportwagens mit handgearbeitetem Luxus kombiniert.

Vielleicht ist der Continental GT der ultimative Grand Tourer: Als das Coupé 2003 auf den Straßen auftauchte, war seine Aufhängung mit der intelligenten Stoßdämpfung revolutionär. Sie überwacht unablässig das Fahrverhalten des Wagens, indem die Aufhängung Hunderte Mal pro Sekunde angepasst wird, um die Torsionssteifigkeit der Straßenqualität anzupassen.

Der Continental GT wurde mit Allradantrieb ausgerüstet, wobei Leistung und Drehmoment auf alle vier Räder verteilt wurden, um mit einem Leistungsverhältnis von 40 : 60 für zusätzliche Sicherheit bei erschwerten Bedingungen und für verbesserte Kurvenfahrten zu sorgen. Ein optimiertes System zur Regelung der Fahrdynamik wurde ebenfalls integriert.

Der 6,0-Liter-W12-Motor war damals der kompakteste 12-Zylinder-Motor der Welt und lief mit Benzin, Bioethanol oder einer Kombination der beiden.

Mit einer Motorleistung von bis zu 575 PS (423 KW) und einem Drehmoment von knapp 700 Nm, die über ein 8-Gang-Schnellschaltgetriebe übertragen werden, kann der Conti GT in nur 4,4 Sekunden auf 100 km/h beschleunigen und eine Höchstgeschwindigkeit von gut 320 km/h erreichen.

Alle Bentley-Modelle wurden beim Hersteller in Crewe von Hand gefertigt. Während bei den meisten Modellen mehr als 80 Prozent des Innenraums mit weichem Leder ausgestattet ist, bietet der GT eine Fülle an Holzfurnieren, Cool-Touch-Metallen und hochflorigen Teppichen.

TECHNISCHE DATEN

BAUJAHR	2003	**MOTOR**	6 Liter W12-Biturbo
BREITE	2.227 mm	**GETRIEBE**	8-Gang-Quickshift-Getriebe
HÖHE	1.404 mm	**BESCHLEUNIGUNG 0–100 KM/H**	4,4 Sek.
LÄNGE	4.806 mm	**LEISTUNG**	423 PS (575 KW)
MAX. DREHMOMENT	700 Nm	**BREMSEN**	Entlüftete Bremsscheiben
HÖCHSTGESCHWINDIGKEIT	322 km/h	**FAHRWERK**	Luftfederung mit Continuous Damping Control (CDC)

ASCARI KZ1

Ascari präsentierte 1998 mit dem Ecosse seinen ersten Supersportwagen, aber erst der KZ1 brachte den Briten den Durchbruch.

Mit seinem 5,0-Liter-V8-Mittelmotor von BMW, der mit einem 6-Gang-Getriebe zusammenarbeitet, erreicht der KZ1 mit 507 PS (373 KW) eine Höchstgeschwindigkeit von bis zu 322 km/h, wobei er in 3,7 Sekunden auf 100 km/h beschleunigt.

Mit einem Leistungsgewicht von 3,49 kg/KW und einem Drehmoment von 550 Nm bei 4.500 U/min profitiert der KZ1 auch von seinem leichten Carbondesign, das sein Leergewicht auf 1.300 kg reduziert.

Der Motor des KZ1 ist in Längsrichtung hinter dem Fahrer montiert; das 6-Gang-Getriebe von Cima wird auch bei Pagani und Koenigsegg verbaut.

RV

Der Ascari glänzte mit seinem Honeycomb-Monocoque-Carbonchassis, einer Doppelquerlenkeraufhängung und AP-Rennbremsen. Außerdem bot der KZ1, der mit einer maßgeschneiderten Fahrwerksabstimmung von Lotus Engineering erhältlich war, ein herausragendes Handling.

Die vollständig einstellbare Aufhängung des KZ1, die der Kunde seinen Bedürfnissen und Vorlieben anpassen konnte, ist weich; die Stoßdämpfung sorgt für eine erstklassige Fahrwerksstabilisierung. Ob als komfortabler und verfeinerter Tourenwagen oder als Star der Rennstrecke: Der KZ1 wurde in einer Spitzenqualität geliefert. Leider wurden nur 50 Autos produziert.

Der Ascari KZ1 hält eine der besten Zeiten auf der TopGear-Teststrecke.

TECHNISCHE DATEN

BAUJAHR	2003–2010	**MOTOR**	5 Liter V8
BREITE	2.852 mm	**GETRIEBE**	8-Gang-Quickshift-Getriebe
HÖHE	1.138 mm	**BESCHLEUNIGUNG 0–100 KM/H**	3,6 Sek.
LÄNGE	4.300 mm	**LEISTUNG**	507 PS (373 KW) bei 7.000 U/min
MAX. DREHMOMENT	500 Nm bei 4.800 U/min	**BREMSEN**	6-Kolben-Bremssättel vorne, 4-Kolben-Bremssättel hinten mit gelochten, entlüfteten Bremsscheiben
HÖCHSTGESCHWINDIGKEIT	322 km/h	**FAHRWERK**	Doppelquerlenker mit Federbeinstoßdämpfern, Stabilisatoren vorne und hinten

OW03 FXL

PROTOTYPE 7

EU 04 CW

SUPER
SCHNELL

FERRARI F40

Als 1987 der Ferrari F40 vorgestellt wurde, war er mit mehr als 320 km/h der schnellste Supersportwagen der Welt.

Der zum 40-jährigen Firmenjubiläum entwickelte F40 – das Jubiläum bestimmte den Namen – folgte als Supersportwagen auf den populären 288 GTO, wurde aber bald zu einem der symbolträchtigsten Ferraris aller Zeiten.

Der F40 ist ein besonders abgerundetes Auto. Seine leichtgewichtige Architektur – Carbon und Aluminium kam reichlich zum Einsatz – und sein aerodynamisches Design machen es dem 2,9-Liter-V8-Motor möglich, 478 PS (351 KW) zu entwickeln.

Bei 4.500 U/min liefert der Ferrari F40 ein Drehmoment von 577 Nm; der gesamte Antriebsstrang wurde vom 288 GTO übernommen und verbessert, einschließlich Hubraum, Verdichtungsverhältnis und Turbolader.

Alles beim F40 ist darauf ausgerichtet, ein fokussiertes Fahrerlebnis zu liefern. So bietet das Auto keine Extras, die nicht zur Fahrdynamik beitragen.

Wie kein anderes Modell ist der Ferrari F40 bekannt für seinen Fahrspaß. Er verfügt über einen Mittelmotor mit Heckantrieb und erreicht in beeindruckenden 3,7 Sekunden 100 km/h eine Leistungsübertragung, die ihn zu einem der herausragendsten Supersportwagen aller Zeiten macht.

G920 CLK

TECHNISCHE DATEN

BAUJAHR	1987–1992	**MOTOR**	2,9 Liter V8
BREITE	1.980 mm	**GETRIEBE**	5-Gang-Schaltgetriebe
HÖHE	1.130 mm	**BESCHLEUNIGUNG 0–100 KM/H**	3,7 Sek.
LÄNGE	4.430 mm	**LEISTUNG**	478 PS (352 KW)
MAX. DREHMOMENT	557 Nm	**BREMSEN**	330 mm entlüftete Bremsscheiben
HÖCHSTGESCHWINDIGKEIT	323 km/h	**FAHRWERK**	Querlenker mit Federbein- und Koni-Stoßdämpfern, Stabilisatoren vorne und hinten, optional elektronisch gesteuert

Den F40 zu fahren ist ein unglaubliches Erlebnis. Die Aufhängung ist steif, die Lenkung bei höheren Geschwindigkeiten exakt und das Gefühl der Geschwindigkeit wird durch das Spüren jeder Bodenunebenheit unterstrichen. Seine Eigenheit, unerfahrene Fahrer bei höherem Tempo bloßzustellen, hat dem Ferrari F40 das Image eines brutalen Supersportwagens eingebracht.

Für viele machen das beeindruckende Äußere, die Bodenfreiheit, der gewaltige Heckspoiler und die unbändige Fahrleistung den F40 zum Prototypen des Supersportwagens.

Ferrari produzierte mehr als 1.300 Stück, alle rot lackiert – damit ist er nicht der seltenste Supersportwagen, den die Firma produziert hat. Allerdings war er der letzte, der von Enzo Ferrari beauftragt wurde, und wahrscheinlich ist er das beliebteste Modell der Italiener.

LAMBORGHINI GALLARDO LP560-4

Der Lamborghini Gallardo LP560-4 ist die überarbeitete Version des berühmtesten Autos dieser Firma und liefert eine beeindruckende Leistung und Kraft.

Vor seiner Markteinführung im Jahr 2008 hatte der Gallardo bereits einen Ruf als ausgesprochenes Kraftpaket, bei dem die Motorleistung die Raffinessen für ein dynamisches Fahrgefühl überwog.

Mit seiner kantigen Linienführung und dem aggressiven Stil hat sich das Gallardo-Design zumindest oberflächlich seit vielen Jahren nicht verändert. Allerdings ist die neueste Ausführung auf einige subtile Verbesserungen stolz, vor allem auf seine aerodynamische Karosserie und den Gewichtsverlust von rund 20 kg im Vergleich zur Vorgängerversion.

Der Gallardo LP560-4 verfügt dank seines 5,2-Liter-V10-Motors über mehr Leistung als das Ausgangsmodell und erzeugt 560 PS (412 KW). Damit beschleunigt er in 3,7 Sekunden auf 100 km/h und erzielt eine Höchstgeschwindigkeit von 325 km/h.

Die Leistung wird auf alle vier Räder übertragen, was bei einem Drehmoment von 540 Nm bei 6.500 U/min notwendig ist, um die enorme Energie des V10-Kraftwerks zu verteilen.

Der Lamborghini hat den Ruf, ein freches und wildes Auto zu sein, doch der LP560-4 bietet hinsichtlich der Kontrolle in den Kurven eine Reihe von Verbesserungen. Dazu gehört eine überarbeitete, reibungsfreie Aufhängung, die dem Fahrzeug in den Kurven mehr Stabilität verleiht.

DM 129VG
BO

Was dem Fahrer des Wagens am ehesten in Erinnerung bleibt, ist der kernige Sound des V10-Motors. Raffinierter denn je schwillt er allmählich an, wenn höhergeschaltet wird, sodass dem Fahrer die zur Verfügung stehende Leistung stets bewusst bleibt.

Bei der Innenausstattung profitiert der Lamborghini Gallardo LP560-4 von der Qualität des Mutterkonzerns Volkswagen. Eine 18-prozentige Reduktion der CO_2-Emissionen und eine sicherheitsoptimierte Frontpartie zeugen von einem verantwortungsbewussten, aber handfesten Supersportwagen.

Kein Aufwand wird gescheut, um den überarbeiteten Lamborghini Gallardo LP560-4 auch weiterhin in jeder Hinsicht als erstklassigen Supersportwagen präsentieren zu können. Seine scharfen Konturen lassen das Herz jedes Autofans höher schlagen, und das Dröhnen seines Motors gehört auch heute noch zu den spannendsten Geräuschen auf den Straßen der Welt.

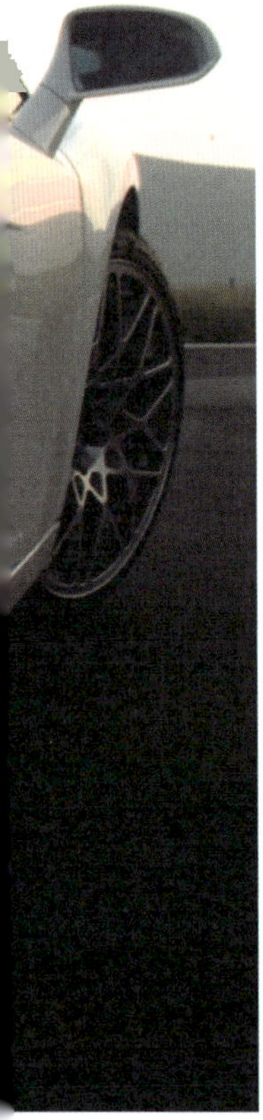

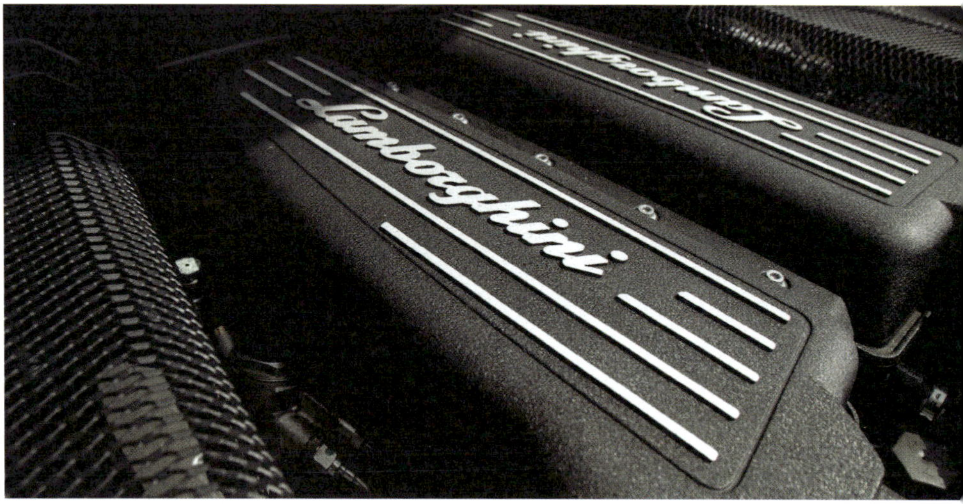

TECHNISCHE DATEN

BAUJAHR	2008	**MOTOR**	5,2 Liter V10
BREITE	1.900 mm	**GETRIEBE**	6-Gang-Schalt- / Sequentielles Getriebe
HÖHE	1.165 mm	**BESCHLEUNIGUNG 0–100 KM/H**	3,7 Sek.
LÄNGE	4.386 mm	**LEISTUNG**	550 PS (405 KW)
MAX. DREHMOMENT	540 Nm	**BREMSEN**	365 x 34 mm Verbundbremsscheiben, belüftet (vorne), 356 x 32 mm belüftete Verbundbremsscheiben (hinten)
HÖCHSTGESCHWINDIGKEIT	325 km/h	**FAHRWERK**	Doppelquerlenker vorne und hinten

DM 129VG
BO

911 GB

575M
CP 149JJ

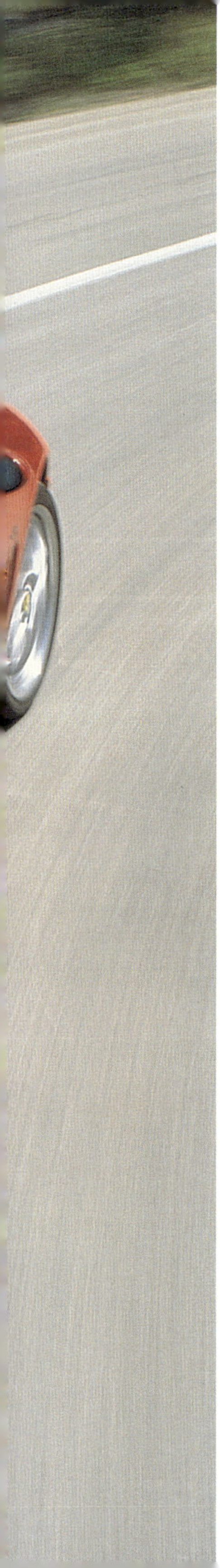

FERRARI 575M

Der Ferrari 575M Maranello F1 ist ein Supersportwagen, der unter den Ferrari-Rennwagen neue Wege geht.

In den frühen 2000er-Jahren als Nachfolger des Ferrari 550 lanciert, ist der 575M für seine Verbindung von Geschwindigkeit und Fahrkomfort berühmt. Er ist ein Auto, das auch beim Tempo eines hochkarätigen Supersportwagens den unerfahrenen Fahrer nicht im Stich lässt.

Am bemerkenswertesten ist beim 575M vielleicht die Einführung der F1-Schalterwippen. Das halbautomatische 6-Gang-Getriebe sorgt bei der Beschleunigung für einen sanfteren Schaltvorgang, um ein noch besseres Fahrerlebnis zu liefern.

Der Motor ist ein V12-Monster mit 522 PS (384 KW), und der zuschaltbare Sportmodus verbessert noch einmal das Schalttempo. Außerdem werden so die Stoßdämpfer zur besseren Fahrwerksstabilisierung bei höheren Geschwindigkeiten angepasst.

Der Motor weist um einen Millimeter geweitete Zylinderbohrungen auf, die den Hubraum vergrößern und das Kompressionsverhältnis verbessern, um mit dieser Leistung das neue F1-Getriebe zu fordern. Das Automatikgetriebe ist mit Abstand das beliebteste, aber auch ein 6-Gang-Schaltgetriebe ist für den Ferrari 575M erhältlich.

Diese entstehende Kraft beschleunigt den 575M ohne Schwierigkeiten auf über 320 km/h, wobei er in 4,2 Sekunden 100 km/h erreicht. Ein Beschleunigungs-Assistent sorgt dafür, dass das Auto rasant startet und den 575M regelrecht gierig erscheinen lässt.

Der Ferrari 575M ist einer der souveräneren Supersportwagen. Die ausgezeichnete 50:50-Gewichtsverteilung auf die Achsen lässt den Fahrer auch bei höheren Geschwindigkeiten nicht untersteuern.

Der zweisitzige Supersportwagen ist auch mit GTC-Fahrwerkkomponenten erhältlich, die wenige Jahre nach seinem Erscheinen ergänzt wurden und mit Keramikbremsen von Brembo und einer verbesserten Aufhängung glänzen.

Der Ferrari 575M weist das luxuriöse Interieur der Carrozzeria Scaglietti auf, zu dem zwei achtfach verstellbare Sitze gehören und das unzählige Optionen bietet – von der Farbausstattung bis zu den Anzeigen der Armaturen.

TECHNISCHE DATEN

BAUJAHR	2002–2006	**MOTOR**	5,7 Liter V12 mit 48 Ventilen
BREITE	1.935 mm	**GETRIEBE**	6-Gang-Halbautomatik, Hinterradantrieb
HÖHE	1.277 mm	**BESCHLEUNIGUNG 0–100 KM/H**	4,2 Sek.
LÄNGE	4.550 mm	**LEISTUNG**	522 PS (384 KW)
MAX. DREHMOMENT	589 Nm	**BREMSEN**	Gelochte, innenbelüftete Scheiben, ABS
HÖCHSTGESCHWINDIGKEIT	325 km/h	**FAHRWERK**	Doppelquerlenker mit Gewindefahrwerk und Stabilisatoren

FERRARI F50

Was kommt nach einem Auto wie dem Ferrari F40? Für die Italiener waren mehr Leistung und ein sportlicheres Fahrgefühl die einzige Option.

Steigen Sie in den Ferrari F50 ein – ein unverwechselbarer Supersportwagen, der Rennleistung liefert und ein auffälliges Design hat, sodass das Fahren eines F50 garantiert viel Aufmerksamkeit erregt.

Der F50, der laut Ferrari einem Formel-1-Wagen am nächsten kommt und von dem es nur gut 300 Stück gibt, ist ein unglaubliches Auto, das wegen seines hohen Preises für die meisten Fans von Supersportwagen unerschwinglich ist.

Während beim F40 Wert auf gutes Design gelegt wurde, ist der F50 hinsichtlich seiner Bodenfreiheit, des riesigen Heckspoilers und der fließenden Linien klar von der Formel 1 inspiriert.

Dies zeigt sich auch an dem Carbon-Monocoque, das genügend Stabilität aufweist, um den Fahrer bei einem Unfall zu schützen. Im Falle des F50 war sich Ferrari bewusst, dass der Wagen auch für den Straßenverkehr sicher genug sein musste.

Auf der Straße hat der F50 das Image eines störrischen Kraftpakets. Nicht zu Unrecht, denn der F50 wird von 527 PS (388 KW) aus dem V12-Motor angetrieben, der auf den hauseigenen F1-Rennwagen der 1990er-Jahre zurückgeht.

Außerdem verfügt der F50 weder über Servolenkung noch über eine entsprechende Unterstützung für die Bremsen, sodass der Wagen in der Handhabung schwieriger ist.

Der Ferrari F50 ist schneller als der F40, den er ersetzt. Die im F1-Stil vorgenommenen Verbesserungen erlauben eine Spitzengeschwindigkeit von 333 km/h und eine Beschleunigung auf 100 km/h in nur 3,7 Sekunden.

Sein 4,7-Liter-V12-Motor liefert bei 6.500 U/min unglaubliche 760 PS (559 KW) und ein Drehmoment von 471Nm. Diese Leistung wird, zusammen mit dem sperrigen Fahrverhalten, am F50 oft bemängelt.

Allerdings steht außer Zweifel, dass der Wagen ein einmaliges Fahrerlebnis bietet. Das abnehmbare Hardtop erlaubt es, den Sound des V12-Motors unmittelbar genießen zu können.

Der Ferrari F50 kam 1995 zum 50-jährigen Firmenbestehen auf den Markt; produziert wurde er lediglich zwei Jahre.

TECHNISCHE DATEN

BAUJAHR	1995–1997	**MOTOR**	4,7 Liter V12
BREITE	1.986 mm	**GETRIEBE**	6-Gang-Schaltgetriebe, Sperrdifferenzial
HÖHE	1.120 mm	**BESCHLEUNIGUNG 0–100 KM/H**	3,7 Sek.
LÄNGE	4.480 mm	**LEISTUNG**	760 PS (559 KW)
MAX. DREHMOMENT	471 Nm	**BREMSEN**	Geschlitzte, belüftete Stahlscheiben, 4-Kolben-Bremssättel von Brembo, kein ABS
HÖCHSTGESCHWINDIGKEIT	325 km/h	**FAHRWERK**	Höhenverstellbare Querlenker, Stabilisatoren vorne und hinten

DM 129VG
GT2
911 GB

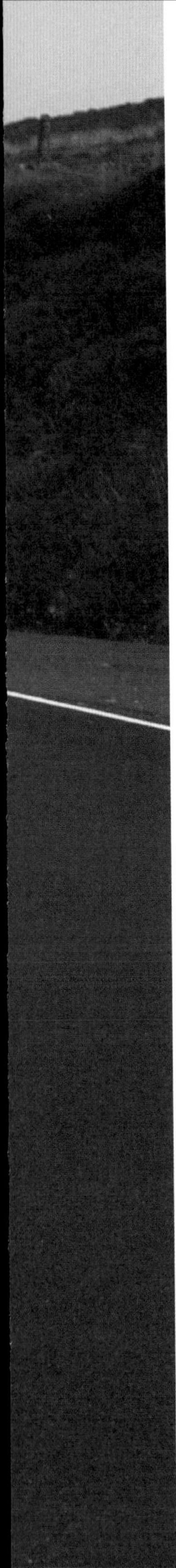

PORSCHE 911 GT2

Der Porsche 911 begeistert seine Fans, und der Porsche 911 GT2 hat einen besonderen Platz in den Herzen aller Autoliebhaber, weil er der erste 911 war, der mehr als 320 km/h erreichte.

Der Porsche 911 GT2 fährt in der Spitze 328 km/h und beschleunigt in nur 3,6 Sekunden von 0 auf 100 km/h.

Was den Porsche 911 GT2 im Vergleich mit dem serienmäßigen 911 Turbo so schnell machte, war die grundlegende Entscheidung, auf den Allradantrieb zugunsten eines Heckantriebs zu verzichten.

Dank der damit verbundenen Gewichtsreduktion werden 322 km/h spielend erreicht. Der 3,6-Liter-6-Zylinder-Boxermotor liefert bei 4.500 U/min 537 PS (395 KW) und ein Drehmoment von 680 Nm. Seine Schnelligkeit lässt sich kaum bezweifeln; selbst seine Innenausstattung wirkt wie ein Indiz für seine Geschwindigkeit.

Auch wenn der 911 GT2 mit der üblichen Radio- und Klimaanlage ausgestattet ist, wurde sein Interieur mit zwei Sportsitzen, die von hinten mit einem stählernen Überrollkäfig geschützt werden, so einfach wie möglich gehalten. Da der Wagen über sehr wenig Gepäckraum verfügt, ist er de facto für den Alltag ungeeignet.

Im Gegensatz zur Turbo-Variante des 911 ist der 911 GT2 tiefergelegt, leichter und mit einer versteiften Aufhängung versehen, um das Fahrverhalten zu verbessern.

Das sperrige Heck, das für die gesamte Leistung sorgt, und die Sportreifen lassen leicht das Gefühl aufkommen, der Wagen könne in den Kurven ausbrechen.

Der Porsche 911 GT2 ist nichts für schwache Nerven, und der von hinten dröhnende Motorensound hält dem Fahrer die Herausforderungen des Heckantriebs im Bewusstsein. Allerdings zerstreut die automatisch gesteuerte Aufhängung im 911 GT2 jede Angst und lässt den Fahrer den Nervenkitzel des balancierten, kraftvollen und leichtgewichtigen Porsche genießen.

Die 911er-Reihe von Porsche wurde mit einer fast endlosen Liste an Sonderausstattungen und Variationen der klassischen Form verwässert. Der Porsche 911 GT2 allerdings ist etwas ganz Eigenständiges und ein würdiges Mitglied in der Liga echter Supersportwagen.

TECHNISCHE DATEN

BAUJAHR	2008	**MOTOR**	3,6 Liter 6-Zylinder-Boxermotor
BREITE	1.852 mm	**GETRIEBE**	6-Gang-Schaltgetriebe
HÖHE	1.303 mm	**BESCHLEUNIGUNG 0–100 KM/H**	3,6 Sek.
LÄNGE	4.491 mm	**LEISTUNG**	537 PS (395 KW)
MAX. DREHMOMENT	680 Nm	**BREMSEN**	Porsche-Keramik-Bremsen
HÖCHSTGESCHWINDIGKEIT	328 km/h	**FAHRWERK**	Elektronisch gesteuerte Stoßdämpfung (Porsche Active Suspension Management, PASM)

CORVETTE ZR1

Die ZR1 ist nicht nur die schnellste jemals gebaute Corvette, sondern auch die einzige, die die besten Supersportwagen der Welt in puncto Geschwindigkeit herausfordern kann.

Sie basiert auf der Corvette C6, ist aber mit mehr Leistung und Technik das stärkste und modernste Auto der Corvette-Serie.

Der straßentaugliche Rennwagen erreicht maximal 330 km/h und beschleunigt in nur 3,4 Sekunden auf 100 km/h. Mit Unterstützung eines vierflügeligen Kompressors – im Gegensatz zu den dreiflügeligen Versionen in anderen Corvettes – generiert der 6,2-Liter-V8-Motor 647 PS (476 KW) und ein Drehmoment von 819 Nm bei 4.000 U/min.

Chevrolet verwendet für die Corvette ZR1 viel Carbon, auch für die Motorhaube und das Dach. Inzwischen ist durch ein klares Sichtfeld der beeindruckende Ladeluftkühler des Motors zu sehen, der den Namen des Modells schmückt.

Die Corvette bietet auf Straße und Rennstrecke ein überragendes Handling; per Tastendruck kann unter Rennbedingungen der Sportmodus zugeschaltet und die Traktionskontrolle reduziert werden.

Nach Einführung des Magnetic Selective Ride Control (MSRC), das dem der Ferrari-Modelle ähnlich ist, passt sich das Fahrwerk den Wetter- und Straßenverhältnissen automatisch an. Zudem nähert sich der Wagen mit seinen knapp 40 Zentimeter großen Carbon-Keramik-Bremsen von Brembo der Klasse eines Bugatti Veyron deutlich an.

TECHNISCHE DATEN

BAUJAHR	2009	**MOTOR**	6,2 Liter V8
BREITE	1.852 mm	**GETRIEBE**	6-Gang-Schaltgetriebe »Tremec TR-6060«
HÖHE	1.240 mm	**BESCHLEUNIGUNG 0–100 KM/H**	3,4 Sek.
LÄNGE	4.480 mm	**LEISTUNG**	647 PS (476 KW)
MAX. DREHMOMENT	819 Nm	**BREMSEN**	Carbon-Keramik-Bremsen; 6-Kolben-Bremssättel vorne, 4-Kolben-Bremssättel hinten
HÖCHSTGESCHWINDIGKEIT	330 km/h	**FAHRWERK**	Doppelquerlenker mit magnetorheologischer Stoßdämpfung

Start- und Traktionskontrolle wurden in späteren Modellen ergänzt, sodass das Auto bei höheren Geschwindigkeiten leichter zu handhaben ist. Das System steuert die auf die Reifen übertragene Leistung, wenn der Wagen um Bodenhaftung kämpft, und machen dem Fahrer das Leben deutlich leichter.

Während der Fahrt erzeugt eine fortschrittliche Dual-Mode-Abgasanlage reichlich Sound. Nichts lässt sich mit dem Geräusch einer Corvette ZR1 in voller Fahrt vergleichen; dank einer raffinierten Kabinenakustik lässt sich das Motorgeräusch auch innen genießen.

Käufer der Corvette ZR1 erhalten neben anderen Extras auch lederbezogene Schalensitze, eine Klimaanlage und ein Soundsystem mit sieben Lautsprechern.

Ferrari
LA 13326

FERRARI 599 GTB

Der Ferrari 599 GTB ist ein Supersportwagen, der F1-Technologie mit einem emotionalen Design verbindet, das klar die Handschrift seines Herstellers trägt.

Der zweisitzige Ferrari 599 GTB wurde 2007 als Ersatz für den 575 eingeführt und bringt noch mehr Leistung als sein Vorgänger.

Der 599 GTB, oft als »Fiorano« bezeichnet – nach der Ferrari-Rennstrecke, auf der sein Fahrverhalten optimiert wurde –, gilt als eines der beliebtesten Gran-Turismo-Modelle von Ferrari.

Der 6-Liter-V12-Motor liefert 670 PS (493 KW), die den Wagen auf bis zu 330 km/h beschleunigen. Den Käufern stehen ein 6-Gang-Schaltgetriebe oder F1-superfast-Getriebe zur Wahl.

Das blitzschnelle F1-6-Gang-Getriebe ist den erfolgreichen F1-Modellen der Marke entlehnt und ermöglicht über Lenkradwippen rasante Schaltvorgänge. Ferrari schätzt, dass das Schalten während der Fahrt nur 100 Millisekunden dauert.

Der Ferrari 599 GTB war bei seiner Markteinführung der stärkste Ferrari, der je angeboten wurde. Er zeichnet sich dank der aus der F1 inspirierten Technik durch sein kontrolliertes und angenehmes Fahrverhalten aus. Die MagneRide-Stoßdämpfung von Ferrari passt das Auto an die Straßenverhältnisse an; die »F1 Trac«-Traktionskontrolle wertet das Fahrverhalten aus und passt Bremsen und Aufhängung entsprechend an. Dadurch fühlt sich das Auto auf Geraden angenehm an, in Kurven aber bissig.

So eignet sich der Supersportwagen mit Heckantrieb perfekt für die Rennstrecke: Die unbändige Kraft und der Sound des Motors garantieren uneingeschränkten Fahrspaß.

Ferrari hat den Motorsound dadurch optimiert, dass das Ansauggeräusch durch ein Rohr in die Fahrerkabine gelangt. Der Ferrari 599 GTB wurde schließlich durch den Ferrari F12 Berlinetta ersetzt; viele sind allerdings der Ansicht, dass er der technisch fortschrittlichste Supersportwagen war, den es je gab.

Für den 599 GTB ist optional ein Paket mit dem Namen HGTE erhältlich. Es verbessert dank versteifter Federn, eines Heckstabilisators und weiterer Verbesserungen am MagneRide-System das Handling für optimales Fahrvergnügen.

TECHNISCHE DATEN

BAUJAHR	2007	**MOTOR**	6,0 Liter V12
BREITE	1.962 mm	**GETRIEBE**	6-Gang-Schaltgetriebe oder F1-Superfast-Getriebe mit Lenkradwippen
HÖHE	1.336 mm	**BESCHLEUNIGUNG 0–100 KM/H**	3,3 Sek.
LÄNGE	4.665 mm	**LEISTUNG**	670 PS (493 KW)
MAX. DREHMOMENT	620 Nm	**BREMSEN**	353 x 33 mm (vorne) und 328 x 28 mm (hinten) Carbon-Keramik-Bremsen
HÖCHSTGESCHWINDIGKEIT	330 km/h	**FAHRWERK**	Magnetorheologische Aufhängung, den Straßenbedingungen anpassbar, und F1-Trac-Traktionskontrolle

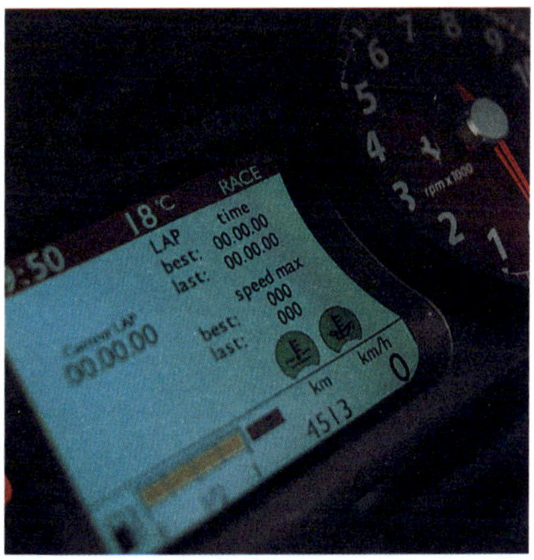

MASERATI MC12

Der Maserati MC12 ist ein zweisitziger Supersportwagen, der viel mit dem Ferrari Enzo gemeinsam hat. De facto basiert er auf denselben Grundlagen, besticht aber durch sein aufgefrischtes Design.

Dafür waren umfangreiche Veränderungen notwendig, bei der fast alle Teile ersetzt wurden. So fühlt sich der MC12 einzigartig an, und die limitierte Produktion von nur 50 Stück unterstreicht diese Exklusivität, weil er extrem selten zu sehen ist.

Gegenüber dem Enzo erweiterte Maserati beim MC12 den Radstand, streckte das Auto zwecks besserer Aerodynamik und ergänzte einen Heckspoiler, um den Abtrieb bei höheren Geschwindigkeiten zu verstärken.

Beim zweitürigen Supersportwagen liegt der vom Ferrari Enzo übernommene 6,0-Liter-V12-Mittelmotor zwischen den Achsen und hinter der Fahrerkabine. Der Motor liefert bei 7.200 U/min 608 PS (447 KW) bzw. bei 5.500 U/min 655 Nm und bringt den Wagen auf eine Höchstgeschwindigkeit von 330 km/h.

41 Prozent des Gewichts liegen vorne und 59 Prozent hinten, wobei die Verwendung von Carbonfasern und diversen Legierungen das Gewicht des MC12 auf ein Minimum reduzierte.

Das sequentielle 6-Gang-Getriebe wird mit Schalterwippen betätigt und beschleunigt das Auto in nur 3,8 Sekunden auf 100 km/h.

Größe und Leistungsvolumen des Maserati MC12 sorgen dafür, auch dass er selbst bei eingeschalteter Traktionskontrolle eines der anspruchsvoller zu fahrenden Autos ist. Die fehlende Heckscheibe kann die Sicht erschweren; allerdings lässt sich das Dach abnehmen, um ihn als Cabriolet zu fahren.

Ursprünglich als Rennwagen konzipiert, mussten am Maserati MC12 einige Modifikationen vorgenommen werden, um die Zulassung zum Straßenverkehr zu erhalten. Der Innenraum ist mit einem oben abgeflachten Lenkrad, Carbonfaser- und Lederoberflächen sowie Sportsitzen offenbar vom Rennsport beeinflusst; außerdem fehlen Annehmlichkeiten wie ein Radio oder ein Soundsystem.

Der Maserati MC12 ist seinem Wesen nach ein Rennwagen, der einigen Veränderungen unterzogen wurde, um auf der Straße genutzt werden zu können. Alle 50 Exemplare des MC12 wurden in derselben Optik angeboten: perlmuttweiß mit blauen Schwellern.

TECHNISCHE DATEN			
BAUJAHR	2004	**MOTOR**	6,0 Liter V12
BREITE	2.100 mm	**GETRIEBE**	6-Gang-Cambiocorsa-Schaltgetriebe
HÖHE	1.205 mm	**BESCHLEUNIGUNG 0–100 KM/H**	3,7 Sek.
LÄNGE	5.143 mm	**LEISTUNG**	608 PS (447 KW)
MAX. DREHMOMENT	655 Nm	**BREMSEN**	Brembo-6-Kolben-Bremssättel vorne, 4-Kolben-Bremssättel hinten
HÖCHSTGESCHWINDIGKEIT	330 km/h	**FAHRWERK**	Gewindefahrwerk mit separaten Doppelquerlenkern und Teleskopstoßdämpfern

FORD GT

Der Ford GT ist ein muskulöser Zweisitzer, der auf den berühmten GT-Rennwagen der 1960er-Jahre basiert. Lediglich 5.000 Ford GT wurden zwischen 2005 und 2006 in Konkurrenz zu den Modellen von Ferrari und Lamborghini produziert.

Um das Ziel zu erreichen, kombinierte Ford ein 6-Gang-Schaltgetriebe mit einem 5,4-Liter-V8-Kompressormotor. Der Motor erzeugt bei 6.500 U/min 537 PS (395 KW) und bei 3.750 U/min ein Drehmoment von 678 Nm. Damit erreicht das Auto in 3,2 Sekunden 100 km/h und nach 7,4 Sekunden bereits gut 160 km/h, um weiter bis auf eine Höchstgeschwindigkeit von 330 km/h zu beschleunigen, mit der es mit vielen seiner berühmteren Rivalen gleichzieht.

Der Mittelmotor benötigt im GT keine Traktionskontrolle und ist auf ein 6-Gang-Getriebe abgestimmt.

Man könnte denken, der Ford GT sei der Versuch, aus den symbolträchtigsten Ford-Modellen – den GT40-Rennwagen der 1960er-Jahre – Kapital zu schlagen, aber der GT ist für sich genommen ein erstklassiges Auto.

Im Gegensatz zu den Carbonfasern, auf die die Konkurrenz setzte, nutzte Ford einen Aluminium-Gitterrohrrahmen und legte damit das Augenmerk auf Geschwindigkeit und Sicherheit.

Ford hat den GT in der Tradition seiner symbolträchtigen Autos entworfen, und die Reaktionen bei der Markteinführung bescheinigten dieser Entscheidung Erfolg. Der Ford GT liefert Unmengen an Leistung und bloßem Tempo, kann aber auch als alltagstauglicher Supersportwagen gefahren werden.

Im Innenraum sind die sauberen, klaren Bedienelemente und der komfortable Sitzbereich eine willkommene Abwechslung im Segment der Supersportwagen. Außerdem kündigt es sich beim Ford GT an, wenn er übersteuert, was wiederum diejenigen begeistern wird, die den GT auf der Rennstrecke fahren wollen.

Der Ford GT ist vor allem ein Auto, bei dem es auch auf die äußeren Details ankommt – die legendären Ford-Rennstreifen und das unverwechselbare, kastenförmige Heck garantieren, dass der Ford GT ein äußerst beliebter Supersportwagen bleibt.

TECHNISCHE DATEN			
BAUJAHR	2005–2006	MOTOR	5,4 Liter V8 mit Kompressor
BREITE	1.950 mm	GETRIEBE	Ricardo-basiertes 6-Gang-Schaltgetriebe
HÖHE	1.130 mm	BESCHLEUNIGUNG 0–100 KM/H	3,2 Sek.
LÄNGE	4.640 mm	LEISTUNG	537 PS (395 KW)
MAX. DREHMOMENT	678 Nm	BREMSEN	4-Kolben-Aluminium-Bremssättel von Brembo mit geschlitzten, innenbelüfteten Scheiben
HÖCHSTGESCHWINDIGKEIT	330 km/h	FAHRWERK	Doppelquerlenker-Aufhängung mit asymmetrischen Aluminiumquerlenkern, Monotube-Federbeinen und Stabilisatoren

EU04
CWV.

CAPARO T1

Der Caparo T1 ist ein in Großbritannien gebauter Supersportwagen, den der Designer Ben Scott-Geddes als das straßentaugliche Auto beschrieb, das einem Formel-1-Boliden am nächsten käme.

Das scheint zu stimmen: Der Caparo T1 flitzt zwischen großen, gebogenen Schutzblechen über die Straßen und hat einen Heckspoiler, um den Abtrieb zu verstärken.

Beide Sitze verfügen über Sechspunktgurte; ansonsten wurden alle überflüssigen Geräte aus dem leichten Rennwagen verbannt, um sein Gewicht zu reduzieren. Äußerlich gibt es verstellbare Front- und Heckflügel, die als Straßen- oder Rennversionen erhältlich sind.

Besonders beeindruckend sind die Leistungsdaten. Ein Leergewicht von nur 480 kg bedeutet, dass der Caparo T1 das Beste aus seinem freisaugenden 3,5-Liter-V8-Motor herausholen kann. Der Motor ist auf ein 6-Gang-Getriebe abgestimmt und liefert bei maximal 10.500 U/min 583 PS (429 KW). Bei 9.000 U/min erzeugt das Auto ein Drehmoment von 420 Nm, mit dem der Caparo T1 eine Höchstgeschwindigkeit von rund 330 km/h erreichen kann.

Der Caparo T1 gehört zu den am schnellsten beschleunigenden Autos der Welt und schafft es in weniger als 2,5 Sekunden auf 100 km/h bzw. in 4,9 Sekunden auf 160 km/h. Damit ist es von den Schnellsten der Welt nicht weit entfernt, sodass seine F1-Ansprüche nicht ganz unberechtigt sind.

MICHELIN

Das Leistungsgewicht sorgt für eine spannende Fahrt, sodass der rennwagenähnliche Sportwagen nur bedingt im Alltag ausgereizt werden kann. Dies ist durch eine Querbeschleunigung von 3 g deutlich spürbar, die damit mehr als dreimal höher ausfällt als bei den meisten Straßenfahrzeugen.

Außerdem machen seine niedrige Karosseriekonstruktion – ähnlich wie bei F1-Prototypen – und sein leistungsstarker Motor das Fahren des Caparo T1 auf der Straße zu einer Herausforderung.

Nur wenige Caparo T1 wurden von dem kleinen britischen Hersteller Caparo Vehicle Technologies gebaut, und so bleibt der Wagen ein beeindruckendes Nischenfahrzeug.

TECHNISCHE DATEN

BAUJAHR	2012	**MOTOR**	3,5-Liter-V8-Saugmotor
BREITE	1.990 mm	**GETRIEBE**	Sequentielles 6-Gang-Getriebe
HÖHE	1.076 mm	**BESCHLEUNIGUNG 0–100 KM/H**	2,5 Sek.
LÄNGE	4.066 mm	**LEISTUNG**	583 PS (429 KW)
MAX. DREHMOMENT	420 Nm	**BREMSEN**	355 mm Stahlscheibenbremsen mit 6- (vorne) bzw. 4-Kolben-Bremssätteln (hinten)
HÖCHSTGESCHWINDIGKEIT	330 km/h	**FAHRWERK**	Doppelquerlenker-Fahrwerk mit justierbaren Stabilisatoren vorne und hinten und 5-fach verstellbaren Stoßdämpfern

MICHELIN

BMW M5

Als BMW die neueste Version seiner sportlichen M5-Superlimousine mit einem V8-Motor statt des traditionellen V10 ankündigte, sorgte dies für einiges Aufsehen.

Es war das erste Mal, dass BMW bei einem M5 die Zahl der Zylinder gegenüber dem Vorgängermodell reduzierte, was zunächst einmal als Leistungsminderung hätte interpretiert werden können.

Zum Glück ist dies beim BMW M5 mit dem 4,4-Liter-V8-Turbomotor nicht der Fall, der 560 PS (412 KW) generiert – zehn Prozent mehr als der V10-Motor, den er ersetzt, bei einem Kraftstoffverbrauch, der um 30 Prozent verbessert werden konnte.

Diese Extraleistung zeigt sich in einer Höchstgeschwindigkeit von 330 km/h, die in der Straßenversion auf rund 250 km/h begrenzt wurde.

Obwohl der BMW M5 fast zwei Tonnen wiegt, ist er kein Langweiler. Er kann in 3,7 Sekunden auf 100 km/h beschleunigen, und dank der Turboaufladung erzeugt er bei niedriger Drehzahl mehr Drehmoment als die V10-Version.

Der BMW M5 ist ohne Geschwindigkeitsbegrenzung eine der schnellsten viertürigen Limousinen der Welt – was BMW allerdings nicht daran gehindert hat, das Auto im gleichen schlichten Design zu präsentieren wie die anderen Modelle der Marke.

Vom üblichen M-Abzeichen abgesehen, die darauf hinweisen, dass der Wagen zur berühmten M-Sportkategorie zählt, weist das Auto größere Lufteinlässe, Quad-Auspuffrohre und einen kleinen Heckspoiler auf.

Damit die Fahrer das Beste aus dem BMW M5 herausholen können, nutzt das Auto eine elektrohydraulische Lenkung für eine höhere Präzision bei der Kurvenfahrt.

Innen bietet der luxuriös ausgestattete BMW Platz für vier Personen. Die Sitze sind lederbezogen; zur umfangreichen Ausstattung gehört ein Navigationssystem, ein DAB-Radio und das traditionelle Head-up-Display von BMW.

Auf der Straße vergegenwärtigt der BMW M5 seinen V8-Turbomotor, indem er seinen Sound über die Lautsprecher des Wagens wiedergibt.

Im Vergleich zu den üblichen Supersportwagen im Bereich über 320 km/h ist das Auto ausgesprochen raffiniert und komfortabel, und die Fahrmodus-Auswahl kann Fahrwerk und Lenkung an die unterschiedlichsten Fahrbedingungen anpassen.

Fahrer des BMW M5 profitieren außerdem vom hohen Wiederverkaufswert der Marke; die Investition in die Superlimousine zieht also keinen dramatischen Wertverlust nach sich.

TECHNISCHE DATEN

BAUJAHR	2011	**MOTOR**	4,4 Liter V8 Turbolader
BREITE	1.891 mm	**GETRIEBE**	7-Gang-Doppelkupplungsgetriebe
HÖHE	1.451 mm	**BESCHLEUNIGUNG 0–100 KM/H**	3,7 Sek.
LÄNGE	4.910 mm	**LEISTUNG**	560 PS (412 KW)
MAX. DREHMOMENT	680 Nm	**BREMSEN**	M Carbon-Keramik-Bremsen
HÖCHSTGESCHWINDIGKEIT	330 km/h	**FAHRWERK**	Doppelquerlenker vorne und Mehrlenkerachse hinten

LAMBORGHINI REVENTON

Der Lamborghini Reventón war bei seiner Markteinführung 2009 der schnellste je gebaute Roadster; er war allerdings auch einer der seltensten aller Zeiten, da er nur in begrenzter Stückzahl gebaut wurde.

Neben dem Cabriolet gibt es auch eine Coupé-Version, ähnlich in Design und Leistungsdaten, von der jedoch nur 21 Stück gebaut wurden – eins davon für das Lamborghini-Museum.

Das unbändige, kantige Design ist bezeichnend für Lamborghini und erweckt eher den Eindruck eines Kampfjets als eines Cabrio-Supersportwagens.

Tatsächlich wurde die Konstruktion der Carbonfaserkarosserie von einem Kampfjet inspiriert: Die scharfen Linien sind ein Mix aus traditionellem Lamborghini-Design und dem Aussehen eines Eurofighters.

Wie bei einem Jet verfügt der Reventón sogar über eine Anzeige, die auf die g-Kräfte hinweist, denen der Fahrer bei der Beschleunigung ausgesetzt ist.

Der Motor ist entsprechend respekteinflößend. Der 6,5-Liter-V12-Motor mit 700 PS (515 KW) und einem Drehmoment von 660 Nm bei 6.000 U/min liefert eine atemberaubende Leistung.

Der Lamborghini Reventón erreicht eine Höchstgeschwindigkeit von 330 km/h und beschleunigt in nur 3,4 Sekunden auf 100 km/h. Der Sound des V12-Lamborghini-Motors macht das Fahrerlebnis besonders intensiv.

Allein das Fahren eines Reventón ist eine Herausforderung, weil der Wagen einen großen Wendekreis hat und immense Kräfte entwickelt, die die Reifen leicht durchdrehen lassen.

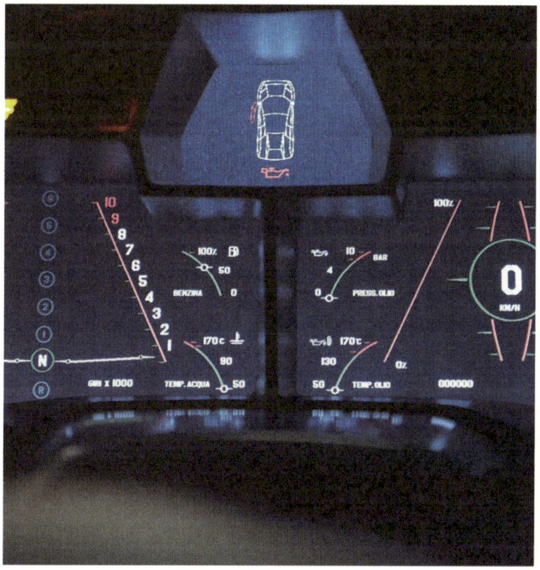

Lamborghinis werden im Allgemeinen als wilder eingestuft als einige ihrer Rivalen. Auch der Reventón ist darauf abgestimmt, ein intensives Fahrerlebnis zu bieten. Der Motor, an dessen Vorderseite das Getriebe angebracht ist, ist vor der Hinterachse platziert, sodass in Richtung Heck mehr Gewicht vorhanden ist.

Öffnen Sie eine der Scherentüren, zeigt sich Ihnen der luxuriöse Innenraum mit Sitzen und Armaturen aus Leder und Aluminium. Es gibt zwei Sportsitze; die Cabrio-Version bietet darüber hinaus einen modernen Überrollbügel, der in Sekundenbruchteilen ausgefahren ist, sollte sich der Wagen überschlagen.

TECHNISCHE DATEN

BAUJAHR	2008	**MOTOR**	6,5 Liter V12
BREITE	2.058 mm	**GETRIEBE**	6-Gang-Schaltgetriebe
HÖHE	1.135 mm	**BESCHLEUNIGUNG 0–100 KM/H**	3,4 Sek.
LÄNGE	4.700 mm	**LEISTUNG**	700 PS (515 KW)
MAX. DREHMOMENT	660 Nm	**BREMSEN**	Carbon-Keramik-Bremsen
HÖCHSTGESCHWINDIGKEIT	330 km/h	**FAHRWERK**	Doppelquerlenker, elektronisch gesteuerte hydraulische Stoßdämpfung, Stabilisatoren, Anti-Dive- und Anti-Squat-Technologie

S LR 2083

MERCEDES-BENZ SLR MCLAREN

Mercedes-Benz und McLaren sind zwei der wichtigsten Namen in der Automobilwelt. Wegen der F1-Kompetenz beider Marken führt ihre Zusammenarbeit unweigerlich zu hochleistungsfähigen Autos.

Der Mercedes-Benz SLR McLaren basiert auf dem Standard-SLR-Modell und bringt dank des 5,5-Liter-V8-Motors mit Trockensumpfschmierung eine Leistung von 635 PS (467 KW) und ein Drehmoment von 715 Nm auf die Straße. Er erreicht in nur 3,6 Sekunden 100 km/h und eine Höchstgeschwindigkeit von 333 km/h. In 7,6 Sekunden beschleunigt er auf 160 km/h, und einen Kilometer legt er in 7,2 Sekunden zurück.

Der Motor ist auf ein 5-Gang-Automatikgetriebe abgestimmt. Der Fahrer kann zwischen drei Modi wählen: Komfort für die Straße, Sport für die Rennstrecke und einem manuellen Modus, bei dem sich durch Schalterwippen am Lenkrad die Schaltvorgänge besser kontrollieren lassen.

Im manuellen Modus gibt es drei zusätzliche Modi, um die Systeme des Autos abhängig von den Fahrbedingungen zu optimieren. Die selbsterklärenden Sport-, Supersport- und Rennmodi sind ideal für die Fahrt auf der Rennstrecke.

Der Einsatz von Carbonfasern für die gesamte Karosserie reduziert das Gewicht des SLR McLaren und verbessert die Ergebnisse in Crashtests, in denen der Werkstoff konventionellere Materialien übertrifft.

Das Auto profitiert auch von der Übernahme der traditionellen SLR-Karosserie, bei der der Motor unmittelbar hinter den Vorderrädern platziert ist; gegenüber dem Standard-SLR wurde er allerdings tiefergelegt, um einen niedrigeren Schwerpunkt zu erhalten. Dies wiederum verbessert die Fahreigenschaften des Autos.

Die Zusammenarbeit zwischen Mercedes-Benz und McLaren hielt von 2004 bis 2008. Danach begann McLaren, eine eigene Reihe von Supersportwagen wie den MP4-12C und den P1 zu bauen. Nach der Trennung entwickelte Mercedes gleichzeitig den SLS AMG als Supersportwagen der Premiumklasse.

Insgesamt wurden über 3.500 Exemplare im Montagewerk in England gebaut, bevor die Produktion endgültig eingestellt wurde. Auch eine Roadster-Version wurde verkauft, deren Produktion 2008 zusammen mit der Coupé-Version zu Ende ging.

TECHNISCHE DATEN

BAUJAHR	2004–2008	**MOTOR**	5,5 Liter V8 mit Trockensumpfschmierung
BREITE	1.908 mm	**GETRIEBE**	5-Gang-Automatik mit Lenkradwippen
HÖHE	1.261 mm	**BESCHLEUNIGUNG 0–100 KM/H**	3,6 Sek.
LÄNGE	4.656 mm	**LEISTUNG**	635 PS (467 KW)
MAX. DREHMOMENT	715 Nm	**BREMSEN**	Hydraulisches Bremssystem, Carbon-Keramik-Bremsscheiben mit einer Belastbarkeit bis zu 1.200 °C
HÖCHSTGESCHWINDIGKEIT	333 km/h	**FAHRWERK**	Doppelquerlenker vorne und hinten aus geschmiedetem Aluminium

SLR

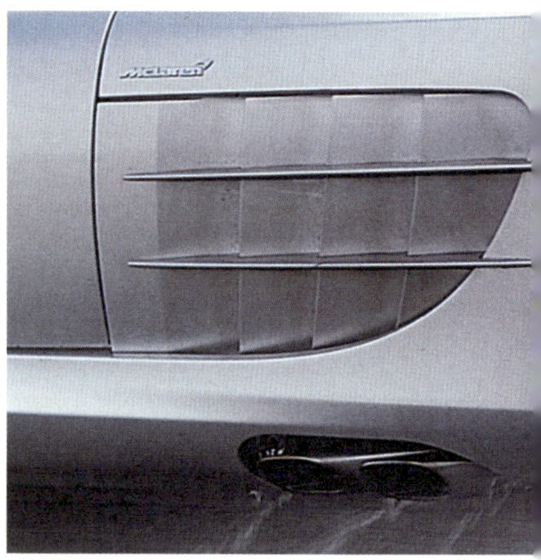

MCLAREN
MP4-12C

Nach einer Konzentration von mehr als einem Jahrzehnt auf die Formel 1 bedeutete der McLaren MP4-12C die triumphale Rückkehr des Unternehmens zum Straßenwagen.

Der McLaren MP4-12C, ein ernsthafter Konkurrent des Ferrari 458 Italia, hat das emotionale Design und das Erbe seines Rivalen ausgeschlagen, um einen Supersportwagen als Beispiel gegenwärtiger Spitzentechnologie zu präsentieren.

Angefangen beim Chassis aus Carbonfasern bis hin zum hauseigenen Hochleistungsmotor wurde alles sorgfältig gefertigt, um heutigen Anforderungen gerecht zu werden.

Der 3,8-Liter-V8-Doppelturbomittelmotor passt zu einem komplexen, reibungslos schaltbaren 7-Gang-Doppelkupplungsgetriebe, das über die an der Lenksäule montierten Schalterwippen angesprochen wird. Er leistet 625 PS (459 KW) und beschleunigt das Auto in etwas mehr als drei Sekunden auf 100 km/h. Sein Drehmoment von 601 Nm wird bei 2.000 U/min zu 80 Prozent erreicht. Die Höchstgeschwindigkeit liegt bei 333 km/h; in nur fünf Sekunden lässt er sich von 200 km/h in den Stand ab bremsen.

Der McLaren MP4-12C wurde so konstruiert, dass er dank einer präzisen, elektronisch gesteuerten Lenkung auf einer Rennstrecke problemlos zu fahren ist. So ist der McLaren MP4-12C ein Auto, das sich einerseits leicht fahren lässt, andererseits aber von der bereitgestellten Motorleistung vorangetrieben wird, wie dies bei nur sehr wenigen Autos auf dem Markt der Fall ist.

In der Kurvenfahrt bewährt sich das einteilige Carbonchassis, wie es sich hier erstmals in einem Serienwagen findet. Die proaktive Stabilitätskontrolle reguliert das Fahrverhalten des Wagens, um die phänomenale Leistung des Motors in den Griff zu bekommen.

Y123 MCL

Der Einfluss des erfolgreichen F1-Programms auf die Konstruktion des MP4-12C ist kaum zu übersehen. Ein hydraulischer Stabilisator steuert die verbesserte Aufhängung mit den oberen und unteren Querlenkern, was für ein Lenkverhalten sorgt, wie es bisher in keinem Supersportwagen zu finden war.

Das Innere des McLaren ist überraschend komfortabel und bietet eine gute Rundumsicht, wie sie in diesem Segment selten ist. Zur Ausstattung gehören Bluetooth, Klimaanlage und Ledersitze.

TECHNISCHE DATEN

BAUJAHR	2011	**MOTOR**	3,8 Liter V8
BREITE	2.909 mm	**GETRIEBE**	7-Gang-Doppelkupplungsgetriebe
HÖHE	1.199 mm	**BESCHLEUNIGUNG 0–100 KM/H**	3,5 Sek.
LÄNGE	4.507 mm	**LEISTUNG**	635 PS (467 KW)
MAX. DREHMOMENT	601 Nm	**BREMSEN**	Stahlbremsscheiben, optional keramische Bremsscheiben
HÖCHSTGESCHWINDIGKEIT	333 km/h	**FAHRWERK**	Adaptive hydraulische Aufhängung, den Straßenbedingungen anpassbar

RX61 HRJ

PORSCHE CARRERA GT

Der Carrera GT ist eines der leistungsstärksten Porsche-Modelle. Der zwischen 2004 und 2007 produzierte Carrera GT schafft Geschwindigkeiten von bis zu 336 km/h.

Als Auto mit Mittelmotor und Heckantrieb bringt der Porsche Carrera GT eine unglaubliche Leistung auf seine Hinterräder. Der 5,7-Liter-V10-Motor liefert bei 8.000 U/min 620 PS (456 KW) und ist auf eine leichte Keramikkupplung abgestimmt, die bis zu 16.000 U/min bewältigen kann. Er erreicht Geschwindigkeiten von bis zu 336 km/h und beschleunigt in 3,9 Sekunden von 0 auf 100 km/h.

Die unglaublich moderne Kupplung hat durch Größe und Gewicht den Effekt, dass besonders diejenigen den Wagen abwürgen, die ihn nicht Tag für Tag fahren – er ist also eine echte Herausforderung für seine Besitzer.

Der Porsche Carrera GT ist ein technisches Meisterwerk, bei dessen Entwicklung jede Kleinigkeit überdacht wurde, um Leistung und Fahrdynamik zu verbessern. Der Heckspoiler etwa erzeugt einen Abtrieb von 400 kg; aber selbst wenn all diese Kraft auf die Hinterräder übertragen wird, bleiben Lenkung und Handling auch bei höheren Geschwindigkeiten absolut präzise.

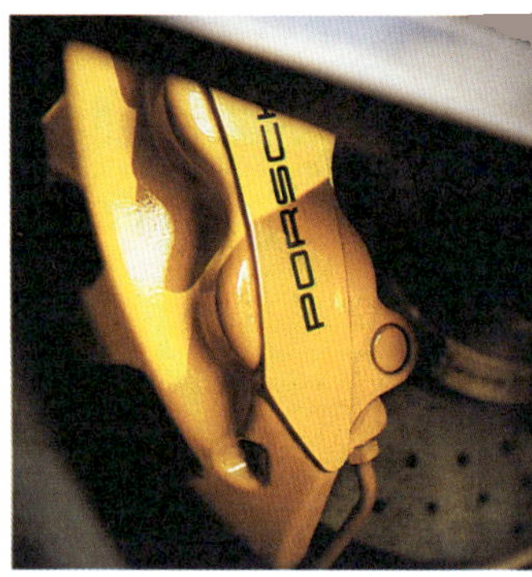

Beim Erreichen seiner Leistungsspitze stellt der Carrera GT allerdings eine Herausforderung dar: Auch noch so viele elektronische Fahrhilfen können bei einem Tempo von über 320 km/h nur bedingt helfen.

Im Innenraum findet sich der typische Luxus von Porsche, darunter hochwertige Materialien und viel Technik, einschließlich serienmäßigem Audiosystem von Bose und maßgeschneidertem Navigationssystem.

Beim Design ist der Porsche Carrera GT eines der subtileren Porsche-Modelle. Es ist ein sauberes, auf Funktionalität ausgerichtetes Konzept, das von den großen Lüftungsschlitzen für den V10-Motor und die schlanke, aerodynamische Silhouette geprägt wird.

Bei der Markteinführung des Carrera GT wurde die gesamte Produktion von über 1.200 Wagen beinahe sofort verkauft, sodass der Supersportwagen nach nur einer Produktionsserie einer der beliebtesten aller Zeiten ist. Er wurde geplant, nachdem Porsche sein 2000-Le-Mans-Programm aufgegeben hatte; sein Erbe aus dieser Zeit ist der identische Motor.

TECHNISCHE DATEN

BAUJAHR	2004–2007	**MOTOR**	5,7 Liter V10
BREITE	1.921 mm	**GETRIEBE**	6-Gang-Schaltgetriebe
HÖHE	1.166 mm	**BESCHLEUNIGUNG 0–100 KM/H**	3,9 Sek.
LÄNGE	4.613 mm	**LEISTUNG**	620 PS (456 KW)
MAX. DREHMOMENT	640 Nm	**BREMSEN**	Porsche Ceramic Composite Brake (PCCB)
HÖCHSTGESCHWINDIGKEIT	336 km/h	**FAHRWERK**	Pushrod-Aufhängung mit Doppelquerlenkern

PORSCHE
PORSCHE

MEGA SCHNELL

LAMBORGHINI DIABLO GT

Lamborghini stellte den Diablo GT 1999 auf dem Genfer Autosalon vor und plante, das Modell in streng begrenzter Stückzahl zu bauen. Dabei kamen die Erfahrungen aus der Herstellung eines GT2-Rennwagens und von hochleistungsfähigen Straßenfahrzeugen zusammen.

Das Ergebnis war ein Hochleistungs-Supersportwagen, der einerseits Rennen bestreiten und andererseits im öffentlichen Straßenverkehr bestehen kann. Mit einer Höchstgeschwindigkeit von 340 km/h war der Diablo GT zeitweise der schnellste Serienwagen der Welt.

Der Diablo GT bedient sich eines neuen 6,0-Liter-V12-Motors von Lamborghini und zeichnet sich durch eine breitere Spurweite vorne, eine Verbesserung von Chassis und Aufhängung sowie ein leichteres Leergewicht aus. Der 5,7-Liter-Motor des Diablo wurde überarbeitet und auf 6,0 Liter Hubraum vergrößert, was die Leistung auf 583 PS (429 KW) bei einem Drehmoment von 630 Nm steigerte. Beim 5-Gang-Getriebe blieb alles beim Alten, wobei die Käufer die Getriebeübersetzungen festlegen konnten. Die vergrößerte vordere Spurweite, eine verbesserte Aufhängung und ein Rohrrahmen sorgten bei sehr hohen Geschwindigkeiten für eine stabilere Fahrt.

Das Modell wurde mit einer radikal veränderten, aggressiven Karosserie, einem schlichten Innenraum und einem vergrößerten Motor ausgestattet. Äußerlich wurde es im Vergleich zum Diablo mit einer schwarzen vorderen Lufthutze aus Carbonfaser, großen Bremskanälen und einer breiteren Spur

GIUDIARO

modifiziert. Ein Carbonfaser-Diffusor und große, mittig angebrachte Auspuffrohre wurden am Heck ergänzt. Die vollständig überarbeitete Karosserie besteht vor allem aus Carbonfaser, wobei das Stahldach und die Aluminiumtüren die einzigen Komponenten sind, die in Standardmaterial gefertigt wurden.

Der Innenraum wird von seiner Carbonfaserverkleidung, renntauglichen Schalensitzen mit Vierpunkt-Sicherheitsgurt und einem kleineren Lenkrad bestimmt. Die alltägliche Nutzung des Diablo GT hieß auch, dass Navigationssystem, Rückfahrkamera und Klimaanlage nicht fehlen durften.

Insgesamt wurden nur 80 Exemplare gebaut.

TECHNISCHE DATEN

BAUJAHR	1990–2001	**MOTOR**	6,0 Liter V12
BREITE	2.040 mm	**GETRIEBE**	Lamborghini-5-Gang-Synchrongetriebe mit manuellem Rückwärtsgang, ZF-Hinterradantrieb mit Sperrdifferenzial
HÖHE	1.105 mm	**BESCHLEUNIGUNG 0–100 KM/H**	3,9 Sek.
LÄNGE	4.460 mm	**LEISTUNG**	583 PS (429 KW)
MAX. DREHMOMENT	630 Nm	**BREMSEN**	Brembo-Scheibenbremsen mit ABS, 330 mm vorne, 284 mm hinten
HÖCHSTGESCHWINDIGKEIT	340 km/h	**FAHRWERK**	Asymmetrische Querlenker vorne und hinten, Stabilisatoren mit einer Stoßdämpfungseinheit vorne und zwei Stoßdämpfern an der Hinterachse

LAMBORGHINI MURCIÉLAGO LP640

Der 2006 eingeführte Lamborghini Murciélago LP640 wurde als Nachfolger des Countach konzipiert. Der Name LP640 bezieht sich auf die Lage des Motors – Longitudinale Posteriore – und die Leistung, die er entwickelt.

Der Lamborghini Murciélago LP640 profitiert von einem größeren Frontspoiler und größeren Lufteinlässen und weist einen riesigen, mittig montierten Auspuff auf. LED-Heckleuchten, Hermera-Räder und eine gläserne Motorabdeckung sind komplett neu.

Der Lamborghini V12-Motor verdrängt 6,5 Liter und leistet bei 8.000 U/min bis zu 649 PS (477 KW). Das 6-Gang-Getriebe verfügt über eine optionale E-Übertragung zum Schubmodus, was zu extrem schnellen Starts und einer Sprintzeit von 3,3 Sekunden auf 100 km/h führt. Aus dem Stand schafft er die Viertelmeile mit einer Beschleunigung auf 204 km/h in 11,2 Sekunden.

Im Innern des Lamborghini Murciélago LP640 gibt es ein Navigationssystem und einen 140-Liter-Kofferraum; die Liste der Optionen war fast grenzenlos, einschließlich der auf die Käufer abgestimmten Accessoires. Trotz seiner Innenausstattung zeugen die Scherentüren und der V12-Motor von der eigentlichen Intention des LP640.

Bei 8.000 U/min dröhnt der Murciélago furchterregend; sein 6,5-Liter-V12-Motor liefert 640 PS (471 KW) bei 5.000 U/min und ein maximales Drehmoment von 660 Nm.

300 Stück wurden verkauft, doch eine Roadster- und die SuperVeloce-Version für die Rennstrecke folgten. Der Lamborghini Murciélago LP640 Versace war eine limitierte Sonderserie, von der nur 20 Stück in Weiß oder Schwarz sowie als Coupés oder Roadster gebaut wurden. Die Innenausstattungen wurden in zweifarbigem Versace-Leder gefertigt – inklusive Versace-Gepäck, Schuhen und Handschuhen.

TECHNISCHE DATEN

BAUJAHR	2006	**MOTOR**	6,5 Liter V12 mit 48 Ventilen
BREITE	2.045 mm	**GETRIEBE**	6-Gang-Schaltung / Einscheibenkupplung
HÖHE	1.135 mm	**BESCHLEUNIGUNG 0–100 KM/H**	3,3 Sek.
LÄNGE	4.580 mm	**LEISTUNG**	583 PS (429 KW) bei 8.000 U/min
MAX. DREHMOMENT	660 Nm bei 6.000 U/min	**BREMSEN**	380-mm- vorne und 355 mm-hinten Porsche-Bremsscheiben und 4-Kanal-ABS
HÖCHSTGESCHWINDIGKEIT	343 km/h	**FAHRWERK**	Eigenständige Doppelquerlenker, Stabilisator, Anti-Dive- und Anti-Squat-Technologie

CY 802GV

PAGANI ZONDA F

Der Pagani Zonda F war dem Firmengründer Horacio Pagani und dem Formel-1-Weltmeister Juan Manuel Fangio gewidmet. Leichtigkeit, Leistung und Innovation sollten dabei im Vordergrund stehen. Sein Logo, das Designkonzept und sein Name sollten an Fangio erinnern.

Der neben dem Serienmodell gebaute Zonda F sollte als Sonderausgabe ein besonders attraktiver Supersportwagen werden. Die Veränderungen führten zu einem leichteren, schnelleren und leistungsstärkeren Auto.

Der daraus resultierende Supersportwagen wird von einem längs verbauten 7,3-Liter-V12-Benzinmittelmotor mit sequenzieller Multipoint-Einspritzung angetrieben, der 602 PS (443 KW) und ein Drehmoment von 780 Nm entwickeln kann. Das Ziel eines niedrigeren Leergewichts setzte die umfassende Verwendung von Carbonfaser, Titan und Aluminium voraus.

Die Auspuffkrümmer sind nach Formel-1-Norm konstruiert, und der Einsatz des leistungsstarken Mercedes-AMG-Motors und die Leichtbautechnik sorgen für ein Leistungsgewicht von 2,78 kg/KW. Auch die Aerodynamik verbesserte sich dank einer überarbeiteten Frontpartie, eines neuen Heckspoilers und aerodynamischerer Belüftungsöffnungen.

Der Zonda F ist mit zusätzlichen Scheinwerfern, Nebelscheinwerfern auf den Seiten, einer neuen Karosserie und verschiedenen Seitenspiegeln ausgestattet. Zu den Optionen gehörten Carbon-Keramik-Bremsen, die gemeinsam mit Brembo entwickelt wurden, Magnesiumfelgen und ein neu entwickeltes Chassis, um die Steifigkeit zu verbessern und das Gewicht zu reduzieren.

Der Zonda F beschleunigt in 3,6 Sekunden auf 100 km/h und in 9,8 Sekunden auf 200 km/h, kann aber in 4,4 Sekunden von 200 km/h in den Stand abbremsen, wobei seine fantastische Bremsfähigkeit durch massive Bremsscheiben bewirkt wird, die optional auch als Keramikscheiben zu haben sind, um den Bremswirkungsverlust zu verringern.

Die Produktion des Pagani Zonda F wurde auf 25 Exemplare limitiert; zudem wurden auch 25 Zonda F Roadster hergestellt.

TECHNISCHE DATEN

BAUJAHR	2005	**MOTOR**	7,3-Liter-V12-Heckmotor, längs verbaut, mit sequentieller Mehrpunkteinspritzung
BREITE	2.055 mm	**GETRIEBE**	6-Gang-Schaltgetriebe, Hinterradantrieb, Sperrdifferenzial
HÖHE	1.141 mm	**BESCHLEUNIGUNG 0–100 KM/H**	3,6 Sek.
LÄNGE	4.435 mm	**LEISTUNG**	602 PS (443 KW) bei 6.200 U/min
MAX. DREHMOMENT	780 Nm bei 4.000 U/min	**BREMSEN**	Belüftete Carbon-Keramik-Scheiben, 380 mm vorne und hinten
HÖCHSTGESCHWINDIGKEIT	344 km/h	**FAHRWERK**	Doppelquerlenker, Gewindefahrwerk, Stoßdämpfer, Stabilisatoren vorne und hinten

FERRARI
ENZO

Ferrari hat eine Handvoll Autos produziert, die die technologische Spitzenposition des italienischen Herstellers unterstrichen. Der Ferrari Enzo war ein solches Auto, das 2002 zu einer Zeit vorgestellt wurde, als Ferrari die F1 mit Michael Schumacher beherrschte, und das von Ferraris Erfahrungen aus der F1 und von seinen Straßenwagen profitierte.

Ein Beispiel ist die fortschrittliche Aerodynamik des Autos mit einem Abtrieb, der bei 300 km/h ein Maximum von 775 kg erreicht. Der Frontbereich des Enzo wurde von der Schnauze eines Formel-1-Autos inspiriert, während Pininfarina mit einem typischen Design in der klassischen Ferrari-Tradition beauftragt wurde. Armaturenbrett und Interface des Wagens sind vom Motorsport beeinflusst; eine Verbundstoffkarosserie und ein Honeycomb-Sandwichchassis aus Carbonfasern und Aluminium halten das Gewicht niedrig.

Der Enzo wird von einem 6,0-Liter-V12-Motor angetrieben, damals ein völlig neuer 12-Zylinder-Motor, der auf Ferraris F1-Erfahrung zurückging. Mit einer maximalen Leistung von 669 PS (492 KW) bei 7.800 U/min und einem maximalen Drehmoment von 657 Nm bei 5.500 U/min bringt der Enzo eine sagenhafte Leistung, die bei niedrigen Drehzahlen ein enormes Drehmoment liefert und ein breites Einsatzspektrum hat. Die Höchstgeschwindigkeit liegt bei 349 km/h, und der Sprint auf 100 km/h dauert gut 3,6 Sekunden. Das im Heck verbaute F1-Getriebe

des Enzo wurde direkt mit dem Motor verbunden, um die Schaltzeiten auf 150 Millisekunden zu reduzieren. All diese Kraft, das Spitzendrehmoment sowie ein speziell von Brembo entwickeltes System mit Carbon-Keramik-Bremsscheiben wurden hier erstmals bei einem Straßenfahrzeug von Ferrari verwendet, obwohl sie schon Jahre zuvor von der Scuderia in der Formel 1 eingesetzt worden waren.

Nur 400 Exemplare des Enzo wurden gebaut. Das Auto bleibt ein Meilenstein in der Geschichte der Supersportwagen.

TECHNISCHE DATEN

BAUJAHR	2002	**MOTOR**	6,0-Liter-65°-V12-Heckmotor
BREITE	2.035 mm	**GETRIEBE**	Elektrohydr. 6-Gang-Schaltgetriebe
HÖHE	1.147 mm	**BESCHLEUNIGUNG 0–100 KM/H**	3,65 Sek.
LÄNGE	4.702 mm	**LEISTUNG**	669 PS (492 KW) bei 7.800 U/min
MAX. DREHMOMENT	657 Nm bei 5.500 U/min	**BREMSEN**	Carbon-Keramik-Bremsscheiben
HÖCHSTGESCHWINDIGKEIT	349 km/h	**FAHRWERK**	Pushrod-Aufhängungen, asymmetrische Querlenker, Gewindefahrwerk, Teleskop-Stoßdämpfer mit adaptiver Elektroniksteuerung

F1 FER

V10 PB

PAGANI ZONDA CINQUE ROADSTER

Der Pagani Zonda Cinque Roadster, von dem nur fünf Exemplare produziert wurden, wird von einem AMG-V12-Motor von Mercedes angetrieben, der 687 PS (506 KW) liefert, in nur 3,4 Sekunden auf 100 km/h sprintet und in der Spitze 349 km/h erreicht. Dank seiner Carbon-Keramik-Bremsen kommt er von 200 km/h in sensationellen 4,3 Sekunden zum Stehen.

Der Doppelturbomotor des Zonda Cinque Roadster überträgt die Leistung über ein sequentielles 6-Gang-Getriebe und eine Reihe von elektrischen Steuerungen von Bosch einschließlich einer Traktionskontrolle, um die vorhandene Leistung und das Drehmoment zu beherrschen.

Die Veränderungen gegenüber dem Standard-Zonda betreffen beim Cinque – italienisch für fünf – auch das stärkere Chassis, das aus mit Titanfäden verwebten Carbonfasern besteht, um die nötige Steifigkeit zu gewährleisten, wenn das Dach abgenommen wird. Der markante Cinque verfügt dank des neu gestalteten Auspuffs über ein auffälliges Heck; überall am Auto gibt es zusätzliche Lufteinlässe und Luftleitflügel aus Carbonfasern.

Durch eine verstellbare Aufhängung kann der Wagen an verschiedene Fahrbedingungen angepasst werden, außerdem lässt er sich beim Rennen über Schaltwippen bedienen. Im Innenraum sind Carbonfaser-Rennschalen eingebaut.

HD 850 Y

Das Chassis besteht aus einem Carbon-Titan-Monocoque: Mit Magnesiumaufhängung, Carbonfaser-Bremsscheiben und Magnesium-Leichtmetallfelgen summiert sich das Leergewicht auf 1.210 kg, also 70 kg weniger als beim originalen Zonda S Roadster.

Bei nur fünf gebauten Autos und einem ursprünglichen Preis von über 2 Millionen Dollar können Sie sich glücklich schätzen, wenn Sie jemals ein Exemplar auf der Straße zu sehen bekommen. Der Pagani Zonda Cinque Roadster ist ein unwiderstehliches Beispiel eines Hyperautos.

TECHNISCHE DATEN

BAUJAHR	2010	**MOTOR**	Mercedes Benz AMG Biturbo V12
BREITE	2.055 mm	**GETRIEBE**	Sequentielles Cima-6-Gang-Getriebe
HÖHE	1.151 mm	**BESCHLEUNIGUNG 0–100 KM/H**	3,4 Sek.
LÄNGE	4.395 mm	**LEISTUNG**	687 PS (505 KW)
MAX. DREHMOMENT	780 Nm	**BREMSEN**	Belüftete 380-mm-Carbon-Keramik-Bremsscheiben von Brembo mit ABS
HÖCHSTGESCHWINDIGKEIT	349 km/h	**FAHRWERK**	Doppelquerlenker, zugstrebenbetriebenes Gewindefahrwerk, verstellbare Stoßdämpfer von Öhling, Stabilisatoren

LAMBORGHINI AVENTADOR LP 700-4

Der Lamborghini Aventador LP 700-4 ist ein zweitüriger, zweisitziger Supersportwagen, der 2011 den Murciélago als Flaggschiff in der Palette von Lamborghini ablöste. Unnötig zu sagen, dass auch dieser Lamborghini nach einem berühmten Kampfstier benannt wurde und der neu entwickelte V12-Benziner besonders kraftvoll ist.

Der 6,5-Liter-V12-Motor, der mit einem siebenstufigen ISR-Halbautomatikgetriebe verbunden ist, liefert dem Aventador bei 5.500 U/min ein maximales Drehmoment von 690 Nm und phänomenale 700 PS (515 KW) bei 8.250 U/min. Unterm Strich bedeutet das eine Höchstgeschwindigkeit von 349 km/h und eine mörderische Beschleunigung auf 100 km/h in 2,9 Sekunden. Das Leistungsgewicht des V12 beträgt 3,06 KW/kg, und die Viertelmeile wird in 10,6 Sekunden zurückgelegt, nach denen der Aventador ein Tempo von 220 km/h erreicht hat.

Das halbautomatische 7-Gang-Getriebe kann in nur 50 Millisekunden schalten, während der Allradantrieb von Haldex bei der Beschleunigung mit einem Drehmoment von fast 700 Nm die Traktion und das dynamische Handling verbessert. Im Gegensatz zum gängigen Image von Lamborghini, nach dem die Autos brutal schnell und für unvorsichtige Fahrer gefährlich sind, wird der Aventador gemeinhin als der am besten zu fahrende Lamborghini angesehen.

Das Flaggschiff von Lamborghini verwendet ein Carbonfaser-Monocoque, das doppelt so steif ist wie dasjenige des Murciélago, obwohl es leichter und leistungsstärker ist. Im Vergleich zum

Murciélago ist der Aventador bei gleicher Höhe etwas länger, aber schmaler.

Der Aventador verfügt über einige vom Fahrer zu steuernde Funktionen: Der Heckspoiler kann je nach Fahrgeschwindigkeit und gewähltem Fahrmodus in drei Positionen verstellt werden; ESP/ABS haben unterschiedliche Eigenschaften; Lenkung und Differenzial werden durch die Fahrmoduswahl mit drei Modi beeinflusst.

Der im Innenraum unendlich variable Aventador glänzt mit seinem aufsehenerregenden Aussehen und der Kraft, für die Lamborghini bekannt ist, hat aber auch etwas von einem Grand Tourer. Er ist der komplexeste Sportwagen, den Lamborghini je gebaut hat.

TECHNISCHE DATEN

BAUJAHR	2011	**MOTOR**	6,5 Liter V12
BREITE	2.030 mm	**GETRIEBE**	7-Gang-ISR-Halbautomatik
HÖHE	1.136 mm	**BESCHLEUNIGUNG 0–100 KM/H**	2,9 Sek.
LÄNGE	4.780 mm	**LEISTUNG**	700 PS (515 KW) bei 8.250 U/min
MAX. DREHMOMENT	690 Nm bei 5.500 U/min	**BREMSEN**	Hydraulisches Bremssystem, 6-Kolben-Bremssättel mit 400 mm Scheibe vorne, 4-Kolben-Bremssättel mit 380 mm Scheibe hinten
HÖCHSTGESCHWINDIGKEIT	349 km/h	**FAHRWERK**	Horizontale Monotube-Pushrod-Stoßdämpfer vorne und hinten

MCLAREN P1

Der McLaren P1 ist eine Rarität – ein Hybrid-Supersportwagen, der Benzin- und Elektromotor vereint, um über 320 km/h zu erreichen.

Das Konzeptfahrzeug wurde 2012 auf der Mondial de l'Automobile in Paris vorgestellt und ist der von McLaren Automotive lange erwartete Nachfolger des legendären McLaren F1. McLaren behauptet, dass der Wagen in der Spitze 350 km/h fährt. Vermutlich ist er in der Lage, Geschwindigkeiten von bis zu 385 km/h zu erreichen; elektronisch ist seine Höchstgeschwindigkeit auf 349 km/h abgeregelt. Der P1 beschleunigt in weniger als drei Sekunden auf 100 km/h und in weniger als 17 Sekunden auf 300 km/h.

Dank einer Kraftübertragung, die die Technologie und das Know-how der Formel 1 nutzt, wird der P1 mit seiner überarbeiteten Version des 3,8-Liter-V8-Doppelturbos aus dem McLaren MP4-12C mit bis zu 737 PS (542 KW) angetrieben.

Der Elektromotor mit seinen 178 PS (131 KW) arbeitet mit einem Energierückgewinnungssystem (KERS) zusammen, wie es die Formel 1 nutzt. Damit wird Energie zurückgewonnen, die sonst beim Bremsen verloren ginge. Der Hybridantrieb des Wagens ist mit einem 7-Gang-Doppelkupplungsgetriebe verbunden, das dem P1 bei 7.500 U/min eine Gesamtleistung von knapp über 912 PS (671 KW) und ein maximales Drehmoment von 900 Nm liefert – Zahlen, die sonst kaum erreicht werden.

Die Leistung kommt entweder vom V8-Benzinmotor alleine oder im Verbund mit dem Elektromotor. Wie üblich wird die elektrische Energie in Batterien gespeichert; der P1 kann außerdem über eine Plug-in-Ladestation aufgeladen werden. Im Gegensatz zu Straßenfahrzeugen kann die gespeicherte Energie genutzt werden, um einen KERS-ähnlichen Leistungsschub zu liefern: Dem Benzinmotor wird über den Elektromotor zusätzlicher Schub verliehen.

Eine weitere F1-Innovation ist das System zur Verminderung des Luftwiderstands (DRS), das den Heckflügel des Fahrzeugs steuert, um den Abtrieb auf gerader Strecke zu beseitigen; Carbon-Keramik-Bremsen liefern die Bremskraft. Das Fahrzeugdesign mit einem Carbon-Monocoque und einem Sicherheitskäfig namens MonoCage ist weitgehend vom McLaren MP4-12C beeinflusst worden.

Vier Fahrmodi sind wählbar – Normal, Sport, Rennstrecke und Rennen –, wobei für das Fahren in der Stadt mit Geschwindigkeiten von bis zu 60 km/h die gesamte Aufhängung um 50 mm angehoben werden kann.

Es wurden nicht mehr als 375 Autos produziert, die alle für Straße und Rennstrecke ausgerüstet sind. Jedes Modell kostet mehr als 1 Million Dollar; der Wagen kämpft mit dem LaFerrari um die Vormachtstellung in seiner Klasse.

TECHNISCHE DATEN

BAUJAHR	2013	**MOTOR**	McLaren M838T 3,8 Liter V8 Biturbo mit KERS-System
BREITE	2.946 mm	**GETRIEBE**	7-Gang-Doppelkupplungsgetriebe
HÖHE	1.170 mm	**BESCHLEUNIGUNG 0–100 KM/H**	3,0 Sek.
LÄNGE	4.585 mm	**LEISTUNG**	737 PS (542 KW)
MAX. DREHMOMENT	900 Nm	**BREMSEN**	390-mm-Bremsscheiben Le Mans vorne mit 6-Kolben-Bremssätteln, 380-mm-Bremsscheiben hinten mit 4-Kolben-Bremssätteln
HÖCHSTGESCHWINDIGKEIT	349 km/h	**FAHRWERK**	Nitrogenbasierte Carbonfaser-Batterie, selbstnivellierend

FERRARI LAFERRARI

Nicht ein Hybrid-Hyperauto, sondern zwei. Kurz nach dem 2012 vorgestellten McLaren P1 folgte Ferrari mit dem LaFerrari, der 2013 auf dem Genfer Autosalon präsentiert wurde.

Das Auto, auch als F70 bekannt, ist ein limitiert produzierter Hybrid-Supersportwagen, der ein KERS-ähnliches Schubsystem nutzt und die höchste Leistung liefert, die ein Ferrari je erzeugte, während sein Kraftstoffverbrauch um 40 Prozent gesenkt werden konnte.

Der 6,3-Liter-V12-Benzinmotor des LaFerrari hat eine Leistung von 800 PS (588 KW) und wird durch ein HY-KERS-System mit 165 PS (122 KW) ergänzt, das ähnlich wie bei einem Turbolader den Ladedruckerhöhung kurzzeitig erhöht. Der LaFerrari hat eine Höchstgeschwindigkeit von 349 km/h und eine Sprintzeit von weniger als drei Sekunden, wobei er in weniger als 15 Sekunden auf 306 km/h beschleunigt.

Der V12-Mittelmotor ist mit einem F1-Doppelkupplungsgetriebe verbunden, dessen Leistung auf die Hinterräder übertragen wird. Die daraus resultierenden hohen Drehmomente erreichen 900 Nm, und die Antriebsgruppe dreht bis auf 9.250 U/min.

Mit einem Leergewicht von nur 1.255 kg basiert der Wagen auf einem Carbonfaser-Monocoque, das im Gegensatz zum Enzo 27 Prozent mehr Torsionssteifigkeit und 22 Prozent mehr Trägersteifigkeit aufweist. Carbon-keramik-Bremsscheiben von Brembo sorgen für die Bremskraft.

Frontdiffusor, Unterbodenluftführung, Heckdiffusor und Heckflügel gehören zur aktiven Aerodynamik und sorgen für die beste je erreichte aerodynamische Effizienz eines Ferrari. Die Elektronik stammt aus dem Formel-1-Programm von Ferrari und umfasst eine elektronische F1-Traktions- und Stabilitätskontrolle, ein elektronisches Differenzial der dritten Generation und eine magnetorheologische Stoßdämpfung, die das Fahrwerk den Umgebungsbedingungen anpassen.

Ferrari limitierte den Supersportwagen auf 499 Exemplare. Das Design stammt von Ferrari selbst, womit der Wagen das erste Modell seit 1951 ist, das nicht von Pininfarina designt wurde. Der Preis lag bei rund 1,3 Millionen Dollar.

TECHNISCHE DATEN

BAUJAHR	2013	**MOTOR**	6,3 Liter V12 Hybridantrieb mit KERS
BREITE	1.992 mm	**GETRIEBE**	7-Gang-Doppelkupplungsgetriebe, halbautomatisch
HÖHE	1.116 mm	**BESCHLEUNIGUNG 0–100 KM/H**	3,0 Sek.
LÄNGE	4.702 mm	**LEISTUNG**	800 PS (588 KW) + 165 PS (121 KW)
MAX. DREHMOMENT	900 Nm	**BREMSEN**	Carbon-Keramik-Bremsen von Brembo 398 mm (vorne) und 380 mm (hinten)
HÖCHSTGESCHWINDIGKEIT	349 km/h	**FAHRWERK**	Doppelquerlenker vorne, Mehrlenkerachse hinten

ASTON MARTIN ONE-77

Der Aston Martin One-77 ist das schnellste Modell, das der britische Hersteller je auf den Markt gebracht hat, und hat einen 7,3-Liter-V12-Motor, der den in limitierter Stückzahl produzierten Supersportwagen auf 354 km/h beschleunigt. Der Sprint auf 100 km/h dauert 3,5 Sekunden.

Der freisaugende Motor, der mit dem verbesserten Automatikgetriebe des Aston Martin DB9 zusammenarbeitet, ist mit 760 PS (559 KW) und einem Drehmoment von 750 Nm der stärkste Motor von Aston Martin.

Das Chassis des One-77 besteht aus Carbonfasern, die Karosserieteile aus Aluminium. Damit wiegt das zweisitzige Coupé 1.630 kg. Ein einstellbarer Spoiler, Splitter und ein Diffusor gehören zur aktiven Aerodynamik und sorgen für Abtrieb, um die Traktion zu verbessern, während ein Sperrdifferenzial die Kurvenfahrt erleichtert.

Passend zum Preis von rund 1,5 Millionen Dollar ist der One-77 mit einem sportlichen Lederlenkrad, intelligenten Memory-Sitzen, verglasten ECU-Steuergeräten, LED-Scheinwerfern, berührungssensitiven Tasten und Parksensoren ausgestattet. Die Proportionen des Wagens folgen großenteils dem Goldenen Schnitt, der in Geometrie, Natur und Mathematik allgegenwärtig ist und schon in der griechischen Architektur als Gestaltungsrichtlinie galt.

Der One-77 ist kürzer als der DB9 und niedriger als der Vantage, hat aber eine extrem breite Spur, die nur wenig schmaler ist als beim Hummer H1 SUV. Der Motor liegt 100 mm niedriger als in jedem vorherigen V12-Motor von Aston, sodass der Schwerpunkt des One-77 sehr niedrig ist.

وطن ١٧٧
177 NTU
KSA

Dieser Wagen von Aston verfügt über moderne DSSV-Stoßdämpfer, die über einen Schieberegler einstellbar sind. Die Fahrer ist so in der Lage, das Fahrwerk des One-77 zwischen Grand Tourer und Rennwagen zu regeln.

Wie der Name schon verrät, wurden nur 77 Exemplare des Autos für einzelne Kunden maßgeschneidert und zu einem Preis von knapp 1,15 Millionen Pfund gebaut. In dieser Preisklasse gibt es sehr wenige echte Konkurrenten – etwa den Bugatti Veyron. Gemessen an seiner Kraft und Leistung ist der One-77 in seiner klassischen britischen Eleganz exklusiv, nobel und superschnell.

TECHNISCHE DATEN

BAUJAHR	2009	**MOTOR**	7,3 Liter V12
BREITE	2.204 mm	**GETRIEBE**	7-Gang-Halbautomatik
HÖHE	1.222 mm	**BESCHLEUNIGUNG 0–100 KM/H**	3,7 Sek.
LÄNGE	4.601 mm	**LEISTUNG**	760 PS (559 KW)
MAX. DREHMOMENT	750 Nm	**BREMSEN**	Carbon-Keramik-Bremsen von Matrix
HÖCHSTGESCHWINDIGKEIT	354 km/h	**FAHRWERK**	Höhenverstellbare Pushrod-Aufhängung mit elektronischer Stabilitätskontrolle

LAMBORGHINI VENENO

Der Lamborghini Veneno ist ein Hyperauto, das in Sant'Agata Bolognese in einer streng limitierten Kleinserie produziert wurde. Er wurde 2013 während des Genfer Autosalons vorgestellt und zum 50-jährigen Jubiläum von Lamborghini gebaut.

Ausgehend vom Lamborghini Aventador, ist der Prototyp des Wagens eine in Grau gehaltene Designstudie, die zu beiden Seiten ein Dekorstreifen aus Vinyl in den Farben der italienischen Flagge ziert. Die Produktion war auf drei Modelle in Grün, Weiß und Rot limitiert. Der Name Veneno bedeutet im Spanischen und Portugiesischen Gift und stammt von einem besonders bösartigen Stier – steht also ganz in der Tradition von Lamborghini.

Der Motor ist eine Weiterentwicklung des 6,5-Liter-V12-Motors des Aventador und leistet 750 PS (552 KW). Der Veneno ist rund 125 kg leichter als der Aventador, sodass die 100 km/h in nur 2,8 Sekunden erreicht werden; seine Höchstgeschwindigkeit beträgt 356 km/h. Der Motor ist mit einem ISR-Handschaltgetriebe und einem permanenten Allradantrieb verbunden, die beide speziell an den Veneno angepasst sind.

Diese Werte und ein Leistungsgewicht von 2,63 kg/KW werden durch die Leichtbauweise des Veneno ermöglicht. Das Carbonfaser-Monocoque wird im Inneren des Autos rund um den Mitteltunnel und die Schweller sichtbar. Die beiden leichten Schalensitze wurden aus dem von Lamborghini patentierten Schmiedeverbundstoff (»Forged Composite«) gefertigt; ein leichtes Carbonfasermaterial wurde verwendet, um das gesamte Cockpit, einen Teil der Sitze und den Dachhimmel zu verkleiden. Neu ist das g-Meter, das Informationen über die g-Kräfte liefert, denen der Fahrer ausgesetzt ist.

Mit einem glatten Unterboden, einem signifikanten Diffusor und einem Splitter, die den Abtrieb erhöhen und die Kurvenfahrleistung unterstützen, wurde der Veneno aerodynamisch und für eine hohe Kurvenstabilität optimiert. Die Heckleuchten sind Y-förmig gestaltet, während die Motorabdeckung sechs keilförmige Öffnungen aufweist, die die Kühlung des V12-Motors unterstützen.

Die Frontseite des Autos verfügt über einen aerodynamischen Flügel mit großen Kanälen, die die Luft unter die Motorhaube zu den Rädern und zur Windschutzscheibe strömen lassen.

Die drei Exemplare kosten jeweils rund 4 Millionen Dollar und wurden alle verkauft, zwei davon in die USA.

TECHNISCHE DATEN

BAUJAHR	2013	**MOTOR**	6,5 Liter V12
BREITE	2.075 mm	**GETRIEBE**	7-Gang-Halbautomatik, Allradantrieb
HÖHE	1.165 mm	**BESCHLEUNIGUNG 0–100 KM/H**	2,8 Sek.
LÄNGE	5.020 mm	**LEISTUNG**	750 PS (552 KW)
MAX. DREHMOMENT	700 Nm bei 6.750 U/min	**BREMSEN**	Carbon-Keramik-Bremsen
HÖCHSTGESCHWINDIGKEIT	355 km/h	**FAHRWERK**	Rennchassis mit Pushrod-Aufhängung und horizontalen Stoßdämpfern

GUMPERT APOLLO

Der Gumpert Apollo ist kein wirklich raffinierter Supersportwagen. Vom ehemaligen Audi-Motorsport-Chef Roland Gumpert konzipiert, nutzt der Apollo – eines der auffälligsten Sportwagen der Welt mit einem eher ungewöhnlichen Namen – einen von Audi stammenden V8-Doppelturbomotor mit 791 PS (582 KW) und leistet eine Höchstgeschwindigkeit von 360 km/h.

Der leistungsstarke V8-Motor hat 40 Ventile, optimierte Pleuelstangen und Kolben, um die beeindruckende Energie zu bewältigen, die von zwei Turboladern erzeugt wird, die auf dem Motor montiert sind. Die Spitzenleistung wird bei 6.800 U/min erreicht, während das maximale Drehmoment von 809 Nm bei 5.000 U/min erzeugt wird.

Die Karosserie besteht aus Fiberglas oder Carbonfaser, sodass das Gewicht auf ein Minimum reduziert ist – der Apollo wiegt bescheidene 1.100 kg, weshalb das mit 650 PS (478 KW) schwächere Modell über ein atemberaubendes Leistungsgewicht von 2,3 kg/KW verfügt. Mittlerweile ist die Aerodynamik des Gumpert so effektiv, dass er bei Höchstgeschwindigkeit theoretisch kopfüber in einem Tunnel gefahren werden könnte, da der Abtrieb, der durch den Spoiler und den Splitter des Autos erzeugt wird, extrem hoch ist.

MERO TSK
International GmbH & Co. KG
Immer eine Idee besser!
PIRELLI
PIRELLI
IN AP 1000
www.sportwagen-manufaktur.de

TECHNISCHE DATEN

BAUJAHR	2005	**MOTOR**	4,2 Liter V8
BREITE	1.998 mm	**GETRIEBE**	Sequentielles 6-Gang-Getriebe
HÖHE	1.114 mm	**BESCHLEUNIGUNG 0–100 KM/H**	3,1 Sek.
LÄNGE	4.460 mm	**LEISTUNG**	650 PS (478 KW)
MAX. DREHMOMENT	809 Nm	**BREMSEN**	380-mm-Bremsscheiben
HÖCHSTGESCHWINDIGKEIT	360 km/h	**FAHRWERK**	Doppelquerlenker-Aufhängung mit verstellbarer Zug- und Druckstufe, Stabilisator vorne und Titan-Stabilisator hinten

Die Flügeltüren sind in der Mitte des Daches befestigt, und die großen Kotflügel scheinen förmlich in den Innenraum einzudringen. Obwohl der Apollo für den Einsatz auf der Straße gebaut wurde, orientiert sich der Innenraum am Rennwagen mit einem minimalistischen Carbonfaser-Interieur, Schalensitzen und Instrumenten, die Informationen über Dynamik und Leistungsfähigkeit des Fahrzeugs liefern.

Die meisten Apollos sind mit einem sequenziellen Schalthebel für den Gangwechsel ausgerüstet, ein weiteres Merkmal für Autos, die zur Ausnutzung ihres gesamten Potenzials entwickelt wurden.

Während der Apollo technisch gesehen ein Straßenauto ist, hievt ihn seine Leistung beinahe über den Status eines Supersportwagens. Die faszinierende Beschleunigung, das enorme Leistungsgewicht und die beeindruckende Höchstgeschwindigkeit heben ihn praktisch in eine eigene Liga.

www.sportwagen-manufaktur.de
MERO TSK
International GmbH & Co. KG
www.autolackierung-gehrt.de
HS GENION

PIRELLI
IN
AP 1000
www.sportwagen-manufaktur.de

BRISTOL FIGHTER T

Würden Supersportwagen nur nach Leistung, Drehmoment und Geschwindigkeit definiert, gäbe es nur wenige, die den Bristol Fighter T übertreffen.

Angetrieben von einem 8-Liter-V10-Doppelturbomotor mit 1.026 PS (755 KW) und einem massiven Drehmoment von 1.400 Nm, erreicht der Fighter T offiziell eine Höchstgeschwindigkeit von 362 km/h. Allerdings behauptet Bristol, dass der Wagen theoretisch zu sagenhaften 435 km/h fähig sei.

Begründet wurden die gekappten Spitzengeschwindigkeiten mit dem Argument der Sicherheit, da ab einer bestimmten Geschwindigkeit Stabilität und Kraftübertragung ein Problem darstellen und nur wenige Antriebe mit derartigen Kräften zurechtkommen. Das 6-Gang-Schaltgetriebe allein kann im ersten Gang 100 km/h fahren.

Wie dem auch sei, der Fighter T beschleunigt dank seines mit zwei Turboladern ausgestatteten V10-Motor von Chrysler in 3,4 Sekunden auf 100 km/h. Ein sehr beeindruckender cw-Wert von 0,27 unterstützt die Leistung des Fighter T ebenso wie ein Leergewicht von rund 1.500 kg, das für einen so schnellen Wagen extrem niedrig ist.

Das Fehlen jeglicher elektronischer Fahrhilfen, ja sogar eines Airbags macht den Fighter T zu einem eher exzentrischen Auto. Dies passt zu einem Unternehmen, das sich die Presse vom Leib hält und nur einen Showroom in Londons schickem Stadtteil Kensington unterhält. Trotz des 2011 abgewendeten Konkurses baut das Unternehmen die Autos nach wie vor von Hand – bei einer angenommenen Stückzahl, die im Jahr keine dreistellige Zahl erreicht.

Über Bristols Motto »Schön untertrieben, aber niemals unterschätzt« könnte angesichts der hyperbolischen Leistung diskutiert werden. Allerdings steht das – abgesehen von den Flügeltüren – nur bedingt raffinierte Außen- und Innendesign in deutlichem Widerspruch zum Großteil der Hyperautos. Dieser Grand Tourer ist nicht nur hoch, er ist auch schmal, sodass er eine Eleganz an den Tag legt, die an heutigen Autos selten zu finden ist; dennoch lässt er sich in der Stadt vernünftig fahren.

Ungeachtet seiner Exzentrizität bleibt der Bristol Fighter T einer der schnellsten Serienwagen, die je gebaut wurden.

TECHNISCHE DATEN

BAUJAHR	2009	**MOTOR**	8 Liter V10 Biturbo
BREITE	1.795 mm	**GETRIEBE**	6-Gang-Schaltgetriebe
HÖHE	1.345 mm	**BESCHLEUNIGUNG 0–100 KM/H**	3,5 Sek.
LÄNGE	4.420 mm	**LEISTUNG**	1.026 PS (755 KW) bei 5.000 U/min
MAX. DREHMOMENT	1.405 Nm bei 4.500 U/min	**BREMSEN**	6-Kolben-Bremssättel mit innenbelüfteten Scheiben vorne, 4-Kolben-Bremssättel hinten
HÖCHSTGESCHWINDIGKEIT	362 km/h	**FAHRWERK**	Doppelquerlenker mit Stabilisatoren vorne und hinten

NOBLE

NOBLE M600

Der Supersportwagen Noble M600 vereint das Beste aus zwei Welten: modernen Carbonfaserwerkstoff in einem handgefertigten Chassis und eine fantastische Leistung mit einem üppigen Interieur.

Der M600 wiegt nur 1.250 kg und verwendet einen V8-Doppelturbo-Benziner von Yamaha, der bei 6.800 U/min 659 PS (485 KW) und bei 3.800 U/min ein Drehmoment von 819 Nm liefert, die auf die Hinterräder übertragen werden. Der variable Schub ermöglicht es dem Fahrer, die Nennleistung über einen Taster zu steuern. Für die Straße werden dabei 456 PS (336 KW), für die Rennstrecke 558 PS (410 KW) und für das Rennen 659 PS (485 KW), also der volle Ladedruck, erzeugt. Der Yamaha-Motor wurde rundum überholt, um Leistung und Drehmoment auszuhalten – mit verstärkten Pleuelstangen und Kolben sowie verstärkten Kurbelwellen.

Damit ist eine Höchstgeschwindigkeit von 362 km/h möglich; auf 100 km/h benötigt er 3,5 Sekunden, auf 160 km/h 6,5 Sekunden, auf 322 km/h weniger als 30 Sekunden. Die Viertelmeile legt er in 11 Sekunden zurück; sein Leistungsgewicht liegt bei 2,58 KW/kg.

Im Inneren ist der Noble M600 mit einem Mix aus Leder- oder Alcantara ausgestattet, während die Sitze aus einem Carbonfaserwerkstoff bestehen. Jeder M600 besitzt ein individuelles Typenschild, und entsprechend kann das Auto nach den Vorlieben des Fahrers ausgestattet werden.

Die Zahl elektronischer Hilfsmittel ist beim M600 begrenzt, denn das Auto soll gute Fahrer belohnen. Ohne ABS ist es für Anfänger sicher ungeeignet; dennoch hat der Wagen für seine unbändige Kraft und sein ansprechendes Fahrverhalten viel Lob verdient.

Mit konkurrenzfähigen Leistungsdaten, die teilweise sogar die des Bugatti Veyron und anderer Supersportwagen übertreffen, zeigt der M600, dass britische Autos noch immer zu den schnellsten und leistungsstärksten der Welt gehören.

TECHNISCHE DATEN

BAUJAHR	2010	**MOTOR**	4,4 Liter V8 Biturbo
BREITE	1.910 mm	**GETRIEBE**	6-Gang-Schaltgetriebe
HÖHE	1.140 mm	**BESCHLEUNIGUNG 0–100 KM/H**	3,5 Sek.
LÄNGE	4.360 mm	**LEISTUNG**	659 PS (485 KW)
MAX. DREHMOMENT	819 Nm	**BREMSEN**	6-Kolben-Bremssättel (vorne), 4-Kolben-Bremssättel (hinten) mit Speedline-Felgen
HÖCHSTGESCHWINDIGKEIT	362 km/h	**FAHRWERK**	Doppelquerlenker mit Schraubenfedern, Stoßdämpfern und Stabilisator

JAGUAR XJ220

Der Jaguar XJ220 verdankt sich einem Kreis von Ingenieuren, der die erfolgreichen Zeiten der Firma auf den Rennstrecken dieser Welt wieder aufleben lassen wollte.

Der stark modifizierte 3,5-Liter-V6-Motor liefert bei 7.000 U/min 550 PS (404 KW) und bei 4.500 U/min ein Drehmoment von 645 Nm; er war der erste Jaguarmotor, der zwei Garrett-Turbolader nutzte. Der XJ220 war für sein hohes Drehmoment bei niedrigen Drehzahlen bekannt und mit einem theoretischen Verbrauch von weniger als 7,8 l/100 km ein besonders sparsamer Supersportwagen.

Das Chassis nutzt für eine hohe Torsionssteifigkeit bei geringem Gewicht eine Aluminium-Wabenkonstruktion, sodass der XJ220 nur 1.456 kg wiegt und auf ein Leistungsgewicht von 3,6 kg/KW kommt.

Mit dem Unterboden und den seitlichen Lufttrichtern wird ein derartiger Abtrieb erzeugt, dass das Fahrzeug theoretisch kopfüber fahren könnte. Das hohe Drehmoment sorgt dafür, dass der Wagen mit einem extrem gut synchronisierten 5-Gang-Getriebe auskommt.

Im Innenraum glänzt der XJ220 mit einer Vollederausstattung und einer Alpine-Musikanlage; die gemeinsame Nutzung von Bauteilen brachte es mit sich, dass einige Armaturen von Ford, dem damaligen Eigentümer von Jaguar, übernommen wurden.

Die Rezession der frühen 90er-Jahre brachte für den XJ220 das Ende, nachdem nur 281 Stück gebaut worden waren. Als echter Herausforderer für Ferrari, McLaren und anderen war er der letzte ernstzunehmende Versuch von Jaguar, einen Supersportwagen zu bauen. Als ein Auto, das nicht nur schnell war, sondern auch über eine hervorragende Beschleunigung verfügte, wie der Rundenrekord für Serienwagen auf dem Nürburgring beweist, den der XJ220 über acht Jahre hielt, geht es als glanzvolles Beispiel für einen modernen britischen Supersportwagen in die Geschichte ein.

TECHNISCHE DATEN

BAUJAHR	1989–1992	**MOTOR**	3,5 Liter V6 mit OHC-Ventilsteuerung und zwei Garrett-T3-Turboladern
BREITE	2.007 mm	**GETRIEBE**	FF 5-Gang-Transaxialgetriebe mit AP Racing 8,5-Inch-Kupplungsscheibe
HÖHE	1.151 mm	**BESCHLEUNIGUNG 0–100 KM/H**	3,6 Sek.
LÄNGE	4.930 mm	**LEISTUNG**	550 PS (405 KW) bei 7.000 U/min
MAX. DREHMOMENT	644 Nm bei 4.500 U/min	**BREMSEN**	AP-Racing-Bremssättel, innenbelüftete Bremsscheiben 330 mm (vorne), 300 mm (hinten)
HÖCHSTGESCHWINDIGKEIT	365km/h	**FAHRWERK**	Vorne und hinten: Asymmetrische Doppelquerlenker, Inboard-Spiralfedern, Bilstein-Gasdruck-Stoßdämpfer und Stabilisatoren

XJ220

JAGUAR
220 VAN

39522
GBG

ULTRA SCHNELL

TVR CEBERA SPEED 12

Wahrscheinlich haben die meisten Autofans den TVR Speed 12 nie gesehen: Bevor er die Serienreife erlangte, wurde seine Entwicklung gestoppt.

Der TVR Speed 12 ist ein Konzeptfahrzeug, das 1997 im englischen Blackpool mit dem Ziel entwickelt wurde, das schnellste Serienauto der Welt zu werden.

Basierend auf dem Le-Mans-Rennwagen der GT1-Klasse von TVR nutzt der TVR Speed 12 einen 7,7-Liter-12-Zylinder-Motor, der angeblich über 1.014 PS (746 KW) liefert. Mit der vierstelligen Leistung und seiner leichten Architektur wurde eine Höchstgeschwindigkeit von über 386 km/h angekündigt.TVR rühmte sich, sein Wagen werde den Rivalen McLaren F1 – zu seiner Zeit eines der schnellsten Autos auf dem Markt – klar überholen. Allerdings basierten diese Zahlen nur auf Schätzungen, und Tests mit den Prototypen zeigten, dass die Leistung de facto eher bei 811 PS (597 KW) lag.

Der Wagen wog nur 1.000 kg und wurde mit einem maßgeschneiderten 6-Gang-Schaltgetriebe und passender Kupplung ausgestattet. Leider wurden die Sprintzeiten des Autos nie geprüft, aber man ging davon aus, dass es in etwas mehr als drei Sekunden auf 100 km/h beschleunigte.

TVR
W112 BHG

TECHNISCHE DATEN

BAUJAHR	1996–2004	**MOTOR**	7,7 Liter 12 Zylinder
BREITE	1.960 mm	**GETRIEBE**	6-Gang-Schaltgetriebe
HÖHE	1.130 mm	**BESCHLEUNIGUNG 0–100 KM/H**	3,0 Sek.
LÄNGE	4.360 mm	**LEISTUNG**	1.014 PS (746 KW) (geschätzt)
MAX. DREHMOMENT	447 Nm	**BREMSEN**	378-mm-Bremsscheiben vorne, 273-mm-Scheiben hinten, innenbelüftet
HÖCHSTGESCHWINDIGKEIT	386 km/h	**FAHRWERK**	Doppelquerlenker, Spiralfedern mit Gasdruckstoßdämpfern, Stabilisator

Die Karosserie des TVR Speed 12 wurde aus Carbonfasern mit Kevlarverstärkung gebaut, damit sie zwar leicht, bei einem Unfall aber auch ausreichend stark war.

Tatsächlich wurde ein Exemplar des TVR Speed 12 verkauft, nämlich ein vom Hersteller umgebauter Prototyp. Der Käufer wurde speziell ausgewählt und besitzt nunmehr den einzigen existierenden TVR Speed 12. Der Rest der Serienmodelle, die teilweise schon angezahlt waren, wurde zerlegt und im Rahmen des GT2-Rennprogramms des Autobauers verwendet.

Das einzigartige Auto ist so unverwechselbar wie selten. Das Design wird von dreieckigen Lüftungsöffnungen auf der Motorhaube, kleinen, runden Scheinwerfern und Rückleuchten und riesigen, gewölbten Kotflügeln bestimmt.

MCLAREN F1

Geschwindigkeit, Technologie, Design: Diese drei machen den McLaren F1 zu einem der symbolträchtigsten Supersportwagen aller Zeiten.

Das vom Formel-1-Spezialisten McLaren gebaute Auto empfing seinen Namen von der Spitzenklasse des Motorsports und galt vielen als der bedeutendste Wagen der 90er-Jahre. Für ihn kamen die modernsten Technologien der damaligen Zeit zum Einsatz. Die Carbonfaserkarosserie wurde mit Kevlar verstärkt, und der Motor, der so heiß wurde, dass er eine Gefahr für die Karosserie darstellt, wurde mit einer isolierenden Goldschicht überzogen.

Speziell für den McLaren F1 baute BMW einen 6,1-Liter-V12-Motor, der 636 PS (468 KW) generiert; das Auto selbst wiegt lediglich 1.062 kg, was ein Leistungsgewicht von 2,27 kg/KW ergibt, das das eines Bugatti Veyron übertrifft. Dadurch werden enorme Geschwindigkeiten möglich, die ihn auch zehn Jahre nach seiner Markteinführung noch immer zum schnellsten Supersportwagen der Geschichte machen.

Der McLaren F1 erreicht 386 km/h und beschleunigt binnen 3,2 Sekunden auf 100 km/h, in 6,3 Sekunden auf 160 km/h und in 28 Sekunden auf 322 km/h.

Der Wagen geht auf ein Konzept des legendären Designers Gordon Murray zurück und verfügt über Mittelmotor und Heckantrieb. Auch wenn die Zahlen Achtung einflößen, hat McLaren das Auto doch nach präzisen Spezifikationen entwickelt, die es zu einer fantastischen Ingenieurleistung machen.

Bei der enormen Leistung, die auf die Hinterräder übertragen wird, ist das Fehlen eines Querstabilisators allerdings ein Manko, da das Heck bei hohen Kurvengeschwindigkeiten ausgesprochen schwierig zu kontrollieren ist.

Fahrer, die den McLaren F1 beherrschen, werden das Gebrüll des V12-Motors genießen: Es ist ein massiges Dröhnen, ein einmaliger und unverwechselbarer Sound, der durch Mark und Bein geht.

Im Innenraum ist der McLaren F1 besser ausgestattet als viele Supersportwagen seiner Ära. Das Auto hat eine Klimaanlage, elektrische Fensterheber und einen CD-Player. Zu den Extras gehört ein Satz Werkzeug aus Titan und speziell gefertigte Koffer, die perfekt in die kompakten Ablagefächer des Autos passen.

TECHNISCHE DATEN

BAUJAHR	1992–1998	**MOTOR**	BMW 6,1 Liter V12
BREITE	1.820 mm	**GETRIEBE**	6-Gang-Schaltgetriebe
HÖHE	1.140 mm	**BESCHLEUNIGUNG 0–100 KM/H**	3,2 Sek.
LÄNGE	4.287 mm	**LEISTUNG**	636 PS (468 KW)
MAX. DREHMOMENT	600 Nm	**BREMSEN**	Innenbelüftete, geschlitzte Brembo-Bremsscheiben
HÖCHSTGESCHWINDIGKEIT	386 km/h	**FAHRWERK**	Doppelquerlenker

39522
GBG

KOENIGSEGG CCX

Koenigsegg setzte sich in den Nullerjahren mit Modellen wie dem CCX in puncto Gesamtleistung, Design und Beschleunigung an die Spitze einer neuen Welle unabhängiger Supersportwagen. Der für die Rennstrecke optimierte CCX, der auch auf der Straße vernünftig nutzbar ist, kostete damals mehr als eine halbe Million Dollar.

CCX steht für Competition Coupé X, und der Wagen war mit seinen modernen Karosserieteilen ein weitgehend neuer Koenigsegg, gleichermaßen funktional wie attraktiv: Große Lufthutzen, Ausströmöffnungen sowie Seitenschürzen wurden zur Erhöhung des Abtriebs ergänzt, während eine Glasscheibe den Blick auf den neuen CCX-Motor freigibt. Koenigsegg betont, dass im CCX auch große Fahrer Platz fänden, obwohl die Gesamthöhe des Autos über dem Asphalt nur 1.120 mm beträgt. Die Gewichtsreduktion wurde bis an die Grenzen des Möglichen getrieben: Sogar Felgen aus Carbonfasern oder Magnesium wurden angeboten. Damals behauptete Koenigsegg, der CCX weise ein niedrigeres ungefedertes Gewicht auf als jeder andere Supersportwagen.

Der CCX-Motor wurde komplett im eigenen Haus entwickelt und gefertigt, was unter den Automobilherstellern in diesem Segment selten der Fall ist. Es ist ein 4,7-Liter-V8-Doppelkompressormotor aus Aluminium, der mit einem manuellen oder automatischen 6-Gang-Getriebe und einem drehmomentabhängigen Sperrdifferenzial gekoppelt ist.

Koenigsegg
CCX

Eine Leistung von 806 PS (593 KW) und ein Drehmoment von 920 Nm sind beeindruckende Leistungsdaten. In 3,2 Sekunden beschleunigt er auf 100 km/h, in 9,8 Sekunden auf 200 km/h. Die Beschleunigung auf 200 km/h und das vollständige Abbremsen von der Geschwindigkeit dauern 14 Sekunden. Der CCX wird dabei durch eine leichte Konstruktion, die Kevlar, Carbonfasern und Aluminium kombiniert, und einen niedrigen cw-Wert von 0,30 unterstützt.

Mit einem abnehmbaren Targadach, hauseigenem Design und rasanter Leistung – und mit vielen Detailänderungen, um für die USA die Straßenzulassung zu erhalten – war der CCX ein revolutionäres Fahrzeug, mit dem Koenigsegg die internationale Bühne betrat.

TECHNISCHE DATEN

BAUJAHR	2006–2010	**MOTOR**	4,7 Liter V8 Biturbo
BREITE	1.996 mm	**GETRIEBE**	6-Gang-Schaltgetriebe / 6-Gang-Automatik
HÖHE	1.120 mm	**BESCHLEUNIGUNG 0–100 KM/H**	3,2 Sek.
LÄNGE	4.293 mm	**LEISTUNG**	806 PS (593 KW)
MAX. DREHMOMENT	920 Nm	**BREMSEN**	8-Kolben-Bremssättel (382 mm) mit Keramikscheiben vorne, 6 Kolben (362 mm) hinten
HÖCHSTGESCHWINDIGKEIT	388 km/h	**FAHRWERK**	Doppelquerlenker, hydraulisches, höhenverstellbares Fahrwerk, Traktionskontrolle

SALEEN S7 TWIN TURBO

Der Saleen S7 Twinturbo verfügt mit einer Höchstgeschwindigkeit von 399 km/h über sensationelle Leistungsdaten. Damit ein Auto derartige Geschwindigkeiten erreichen kann, bedarf es eines leistungsstarken Motors und einer brillanten Konstruktion. Der Saleen S7 Twinturbo hat beides.

Der in den ersten Saleen S7 verwendete 7,0-Liter-V8-Motor erbringt mit dem zusätzlichen Doppelturbolader eine Leistung von rund 760 PS (559 KW) und ein Drehmoment von 952 Nm bei 4.800 U/min. Der im eigenen Haus entwickelte Motor ist auf ein 6-Gang-Schaltgetriebe abgestimmt.

Mit einem Leergewicht von nur 1.338 kg ist er der schnellste US-Serienwagen, der jemals gebaut wurde. In weniger als drei Sekunden kann er auf 100 km/h beschleunigen, in weniger als sechs Sekunden auf 160 km/h. Speziell entwickelte Bremsen von Brembo sowie Diffusoren und Spoiler erhöhen den Abtrieb.

Der Saleen S7 Twinturbo hat seine Wurzeln im symbolträchtigsten Auto von Ford, dem Mustang. Der berühmte Mustang-Ingenieur Steve Saleen stand hinter dem schnellsten Serienwagen der USA und nutzte für den Supersportwagen sogar einen NASCAR-Motor von Ford.

Die großen Bremsen und eine Zahnstangenservolenkung sind ein Traum für jeden Fahrer eines Supersportwagens. Sie erlauben es, den Wagen leicht und punktgenau auf der Straße zu halten.

Auffällige Scherentüren und ein niedriges, geschwungenes Sportwagendesign sprechen die Liebhaber fast so sehr an wie die Fahreigenschaften des Saleen S7.

Mittlerweile bietet das Interieur einigen Luxus, darunter aus Leder und Aluminium gefertigte Teile, kundenspezifisches Gepäck und eine Heckkamera, die die Rücksicht verbessert. Dabei ist der Supersportwagen mit Heckantrieb deutlich günstiger als seine Rivalen, obwohl er Leistungs- und Drehmomentdaten bietet, die einige der Großen von Ferrari und Lamborghini nicht erreichen.

Der zweitürige Supersportwagen ist derart leistungsstark, dass für die Le-Mans-Rennen eine Version mit dem Namen Saleen S7R gebaut wurde.

TECHNISCHE DATEN

BAUJAHR	2005–2009	**MOTOR**	7,0 Liter V8
BREITE	1.990 mm	**GETRIEBE**	6-Gang-Schaltgetriebe
HÖHE	1.041 mm	**BESCHLEUNIGUNG 0–100 KM/H**	2,9 Sek.
LÄNGE	4.774 mm	**LEISTUNG**	760 PS (559 KW)
MAX. DREHMOMENT	925 Nm	**BREMSEN**	Brembo-Scheibenbremsen
HÖCHSTGESCHWINDIGKEIT	399 km/h	**FAHRWERK**	Doppelquerlenker mit Aluminiumstoßdämpfern und Stabilisator

LOTEC SIRIUS

Als der kleine deutsche Hersteller Lotec ankündigte, der Sirius werde so schnell sein wie einige der schnellsten Autos der Welt, sorgte dies für Aufsehen.

Der Einbau des modifizierten 6,0-Liter-V12-Motors von Mercedes aus dem Pagani Zonda machte es Lotec möglich, mit dem Sirius eine Höchstgeschwindigkeit von 399 km/h zu erreichen.

Lotec übernahm nicht nur den Motor von einem der schnellsten Wagen, sondern erweiterte ihn mit zwei Turboladern, um die Leistung auf 1.199 PS (882 KW) und das Drehmoment bei 3.400 U/min auf 1.320 Nm zu erhöhen.

Der nur 1.280 kg leichte Sirius weist mit 1,45 KW/kg eines der beeindruckendsten Leistungsgewichte der Welt auf. Ermöglicht wird dies durch eine Carbonfaserkarosserie, also durch ein Material, das wegen seiner Festigkeit bei einem Aufprall in vielen der weltweit schnellsten Autos zum Einsatz kommt.

Mit einer Höchstgeschwindigkeit von beinahe 402 km/h und dem unglaublichen Drehmoment ist das Auto nur wenig langsamer als der Bugatti Veyron und beschleunigt in 3,8 Sekunden auf 100 km/h.

Der Lotec Sirius wurde weltweit in ungewöhnlich kleinen Stückzahlen verkauft. Die Firma Lotec ist daher vielleicht eher für ihr Mercedes-Tuning bekannt denn als Hersteller von Supersportwagen.

LOTEC

Der hohe Preis und die geringe Verfügbarkeit machen den Lotec Sirius auf der Straße extrem selten; seine markante Silhouette, seine Scheinwerfer sowie seine Panoramawindschutz- und -heckscheibe sind starke Designmerkmale. Das Unternehmen kann pro Jahr lediglich fünf Exemplare produzieren.

Andere Eigenschaften sind von Konkurrenten in der Königsklasse übernommen worden, etwa das manuelle CIMA-6-Gang-Getriebe vom Pagani Zonda oder das Armaturenbrett des Porsche 944 Turbo.

Im Vergleich zu anderen Autos seiner Leistungsklasse weist der Lotec Sirius ein hohes Ausstattungsniveau auf: Klimaanlage, Servolenkung und sportliche Schalensitze mit Dreipunkt-Sicherheitsgurten gehören zur Standardausstattung.

TECHNISCHE DATEN

BAUJAHR	2009	**MOTOR**	6,0 Liter V12
BREITE	2.080 mm	**GETRIEBE**	6-Gang-CIMA-Getriebe
HÖHE	1.120 mm	**BESCHLEUNIGUNG 0–100 KM/H**	3,8 Sek.
LÄNGE	4.120 mm	**LEISTUNG**	1.199 PS (882 KW)
MAX. DREHMOMENT	1.320 Nm	**BREMSEN**	4 ram AP IMSA Sportbremsen
HÖCHSTGESCHWINDIGKEIT	399 km/h	**FAHRWERK**	Asymmetrische Doppelquerlenker mit Stabilisator

DAUER PORSCHE 962 LE MANS

Mit nur 13 Exemplaren, die je gebaut wurden, gehört der Dauer 962 Le Mans weltweit zu den selteneren Supersportwagen, obwohl er gewiss einer der markantesten ist.

Einer von vielen Supersportwagen, die als Prototypen von Rennwagen das Licht der Welt erblickten, wurde auf dem nackten Chassis eines Porsche 962 entwickelt. Beim Dauer 962 Le Mans wurden einige Karosseriebleche durch Carbonfaser und Kevlar ersetzt und die Unterbodenverkleidung geglättet, um die Stabilität bei hohen Geschwindigkeiten zu erhöhen.

Ein verstellbares hydraulisches Aufhängungssystem, ein Beifahrersitz, Lederausstattung und ein kleiner Kofferraum wurden für den Serienwagen ergänzt, grundsätzlich aber fiel die Innenausstattung eher einfach als luxuriös aus. Ein Videobildschirm für eine Heckkamera kam später dazu.

Der Motor mit zwei Turboladern ist ein wassergekühlter 6-Zylinder-4-Ventiler-Boxermotor mit Doppelnockenwellen und einem 3-Liter-Hubraum, der bei 7.400 U/min 740 PS (544 KW) entwickelt. Damit beschleunigt er im ersten Gang in nur 2,6 Sekunden auf 100 km/h und in etwa fünf Sekunden auf die doppelte Geschwindigkeit. Für das Getriebe wurde das Schaltgetriebe des 962 verwendet, die Kupplung lässt sich über Tiptronic-Taster am Lenkrad bedienen.

Obwohl der Dauer 962 Le Mans offiziell 370 km/h erreicht, könnte er nach unbestätigten Aussagen die 400 km/h deutlich überschreiten. Mit 1.080 kg hat der 962 Le Mans ein besseres Leistungsgewicht als der McLaren F1. Mitte der 90er-Jahre wurde das Auto als schnellster Serienwagen der Welt bezeichnet.

P 962

TECHNISCHE DATEN

BAUJAHR	1984	**MOTOR**	3-Liter-6-Zylinder-Boxermotor Biturbo
BREITE	1.985 mm	**GETRIEBE**	5-Gang-Schaltgetriebe RWD
HÖHE	1.050 mm	**BESCHLEUNIGUNG 0–100 KM/H**	2,6 Sek.
LÄNGE	4.650 mm	**LEISTUNG**	740 PS (544 KW) bei 7.400 U/min
MAX. DREHMOMENT	700 Nm bei 5.000 U/min	**BREMSEN**	4-Kolben-Bremssättel von Brembo mit innenbelüfteten 330-mm-Bremsscheiben
HÖCHSTGESCHWINDIGKEIT	370 km/h	**FAHRWERK**	Doppelquerlenker mit einstellbarem Stabilisator

BB-P 962

BUGATTI VEYRON

Der Bugatti Veyron, mit dem der Streit um den schnellsten Serienwagen in eine neue Runde ging, schafft 407 km/h, was ihn bei seiner Markteinführung 2006 zum schnellsten je gebauten Auto machte.

Dass der Veyron im Volkswagen-Konzern entstand, ist ebenso bemerkenswert wie die Tatsache, dass in den Jahren zuvor mehrere Supersportwagen den Titel »Schnellster Serienwagen« ergattern wollten.

Der Veyron übernahm den Titel letztlich vom McLaren F1 – für lange Zeit das Maß aller superschnellen Straßenwagen – und behielt ihn, bis er vom Super Sport, einer noch schnelleren Version des gleichen Modells, abgelöst wurde.

Der Veyron leistet dank des 8-Liter-Quadturbomotors WR16, der zwischen 2.200 und 5.500 U/min ein maximales Drehmoment von 1.250 Nm erzeugt, 1.001 PS (736 KW) und erreicht eine Höchstgeschwindigkeit von 407 km/h.

Die Erzeugung von Leistung und Drehmoment war die eine, die maßgeschneiderte Kraftübertragung auf alle vier Räder des Veyron die andere Herausforderung. Letztere wurde durch ein 7-Gang-DSG-Doppelkupplungsgetriebe gelöst, das automatisch oder über Schaltwippen funktioniert, sodass die Schaltvorgänge blitzschnell ablaufen, da jeweils nur eine der beiden Kupplungen beansprucht wird.

EB VEY

Das Drehmoment richtet sich nach den Fahrbedingungen; ab 220 km/h senkt der Veyron automatisch seine Aufhängung und fährt seinen Heckspoiler weiter aus, um den Abtrieb zu erhöhen. Um auf die Höchstgeschwindigkeit zu beschleunigen, muss der Fahrer in einen anderen Fahrmodus schalten, der alle Hilfsmittel ausschaltet und sicherstellt, dass die Bereifung unbeschadet ist. In diesem Modus verringern sich Abtrieb und cw-Wert, sodass die Höchstgeschwindigkeit von 407 km/h erreicht wird.

In 22 Sekunden beschleunigt er auf gut 320 km/h, wobei er die erste Viertelmeile in nur 10,8 Sekunden zurücklegt. Der Veyron bleibt ein technologisches Wunder: eines, das kein nacktes Interieur ohne Alltagstauglichkeit bietet, sondern als Grand Tourer perfekt ausstattbar ist – und eines, das auch weiterhin den Titel des schnellsten Serienwagens tragen wird.

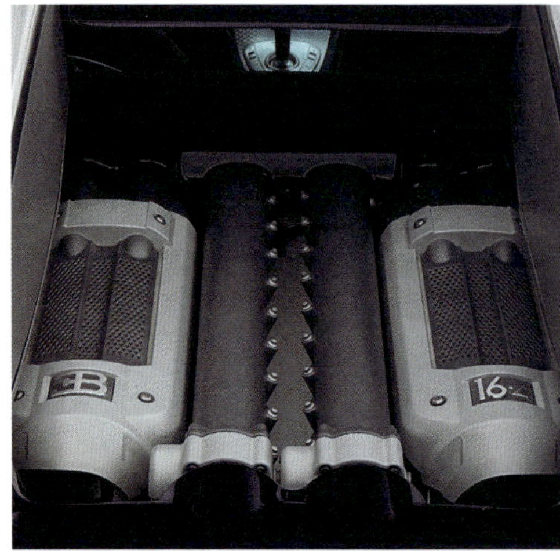

TECHNISCHE DATEN

BAUJAHR	2006–2011	**MOTOR**	8-Liter-W16-Motor, Aluminiumblock und DOHC-Aluminium-Ventilköpfe mit Quadturbo, Ladeluftkühler und Direkteinspritzung
BREITE	1.998 mm	**GETRIEBE**	7-Gang-Doppelkupplungsgetriebe
HÖHE	1.159 mm	**BESCHLEUNIGUNG 0–100 KM/H**	2,9 Sek.
LÄNGE	4.462 mm	**LEISTUNG**	1.001 PS (736 KW) bei 6.000 U/min
MAX. DREHMOMENT	1.250 Nm bei 2.200 U/min	**BREMSEN**	Carbon-Keramik-Scheiben, 8 Kolben, 4 Bremssättel vorne; 6 Kolben, 2 Bremssättel hinten
HÖCHSTGESCHWINDIGKEIT	407 km/h	**FAHRWERK**	Unabhängige Doppelquerlenker hinten und vorne

N14 SSN

Koenigsegg
CCXR
EDITION

KOENIGSEGG CCXR

Der Koenigsegg CCXR war ein extrem kleinvolumiger Biokraftstoff-Roadster, der 2008 mit einer Leistung und Höchstgeschwindigkeit auf dem Markt erschien, die den Bugatti Veyron das Fürchten lehrte.

Die Leistungsdaten sind faszinierend: Mit einem verhältnismäßig kleinvolumigen 4,8-Liter-Motor, der durch zwei Turbolader verstärkt wird, ist für den CCXR ein Spitzentempo von 409 km/h verbürgt; er entwickelt 1.032 PS (759 KW) und beschleunigt mit Bioethanol in 2,9 Sekunden auf 100 km/h. Der Sprint auf 200 km/h und das anschließende Abbremsen in den Stand dauern nur 13,5 Sekunden.

Eines der Geheimnisse des Wagens von Koenigsegg ist, dass er nahezu vollständig aus leichter Carbonfaser gebaut ist, mit einem gewichtssparenden Aluminium-Wabenchassis und hohlen Antriebswellen. Die Leistungsverbesserung durch Verwendung von Bioethanol mit höherer Oktanzahl rührt daher, dass aufgrund des höheren Zylinderdrucks, den die Kühleigenschaften des Kraftstoffs zulassen, mehr Leistung aus dem Motor herausgeholt werden kann.

All diese Kraft benötigt reichlich Abtrieb. Deshalb weist der CCXR einen verstellbaren Heckflügel und einen massiven Frontsplitter auf. Zudem stellen Keramikbremsscheiben, ein Sperrdifferenzial und eine Traktionskontrolle mit fünf Modi sicher, dass das Auto mit dem Asphalt in Kontakt bleibt.

Im Innenraum lässt der CCXR kaum einen Wunsch offen: Lederbezüge, DVD-Player, Navigationssystem und eine Rückfahrkamera gehören zur Basisausstattung. Das Glasdach des Koenigsegg ist abnehmbar.

Der CCXR ist nicht nur schnell – in einer Welt von benzinbetriebenen Coupés ist er als Biokraftstoff-Cabriolet ein echter Einzelgänger.

TECHNISCHE DATEN

BAUJAHR	2007–2011	**MOTOR**	4,8 Liter V8 mit Bioethanol
BREITE	1.996 mm	**GETRIEBE**	Sequentielles 6-Gang-Getriebe
HÖHE	1.120 mm	**BESCHLEUNIGUNG 0–100 KM/H**	2,9 Sek.
LÄNGE	4.293 mm	**LEISTUNG**	1.032 PS (759 KW) bei 7.200 U/min
MAX. DREHMOMENT	1.060 Nm bei 5.600 U/min	**BREMSEN**	8-Kolben-Monoblock-Bremssättel Brembo vorne mit belüfteten Keramikscheiben 380 mm; 8-Kolben-Monoblock-Bremssättel AP Racing hinten mit belüfteten Keramikscheiben 362 mm; elektronisches Hilfssystem
HÖCHSTGESCHWINDIGKEIT	409 km/h	**FAHRWERK**	Doppelquerlenker, hydraulisches, höhenverstellbares Fahrwerk, Traktionskontrolle

GT9
DO 06201

9FF
GT9

Der schnellste aller Supersportwagen auf Porsche-Basis ist der 9ff GT9, ein Coupé des Tuning-Unternehmen 9ff mit einer Spitzengeschwindigkeit von 409 km/h. Das Ausgangsmodell wurde derart verändert, dass angeblich nur zwei Prozent der ursprünglichen Komponenten des 997 GT3 übrig blieben.

Die Karosserie des 997 GT3 wurde um 300 mm gestreckt und um 120 mm abgeflacht, um den Abtrieb bei hohen Geschwindigkeiten zu maximieren. Die intensive Verwendung von Carbonfaser und Kevlar machten den GT9 mit nur 1.326 kg zu einem Leichtgewicht.

Der verwendete Mittelmotor – im Gegensatz zum traditionellen Heckmotor des 911 – ist ein stark überarbeiteter 4,0-Liter-6-Zylinder-Benzinboxermotor. Er liefert 1.001 PS (736 KW), mit denen er seine Höchstgeschwindigkeit von 409 km/h schneller erreicht als der Bugatti Veyron. Er beschleunigt in 2,9 Sekunden auf 100 km/h und in weniger als 16 Sekunden auf gut 300 km/h.

Der einem Rennwagen sehr ähnliche GT9 wurde auch im Innenraum stark überarbeitet, mit einem Überrollkäfig versehen und mit blauem Leder ausgestattet. Da der GT9 weder über eine Traktions- noch eine Stabilitätskontrolle verfügt, ist das Coupé bei einem Preis von rund 800.000 Dollar allenfalls für eingefleischte Fahrer und wohlhabende Käufer attraktiv.

Nur 20 Exemplare dieses leistungsstärksten Modells wurden verkauft, sodass der GT9 einer der exklusivsten Supersportwagen der Welt ist.

TECHNISCHE DATEN

BAUJAHR	2007–2008	**MOTOR**	4,0 Liter B6 Biturbo
BREITE	1.860 mm	**GETRIEBE**	6-Gang-Schaltgetriebe
HÖHE	1.180 mm	**BESCHLEUNIGUNG 0–100 KM/H**	2,9 Sek.
LÄNGE	4.733 mm	**LEISTUNG**	1.001 PS (736 KW)
MAX. DREHMOMENT	964 Nm	**BREMSEN**	2-teilige Bremsscheiben mit Aluminiumtopf; 6-Kolben-Bremssattel 380 mm vorne; 4-Kolben-Bremssattel 350 mm hinten
HÖCHSTGESCHWINDIGKEIT	409 km/h	**FAHRWERK**	Höhenverstellbares Fahrwerk mit regulierbaren Aluminiumstoßdämpfern

W-392-DB

BUGATTI VEYRON
16.4 GRAND SPORT VITESSE

Der Bugatti Veyron 16.4 Grand Sport Vitesse verspricht, die Eleganz des Grand Sport und die Leistung des Super Sport zu vereinen. Er bleibt nach wie vor der schnellste Serien-Roadster, der seit 2013 gebaut wurde, und ist eine unglaubliche Ingenieurleistung.

Eine verbesserte Version des 8-Liter-W16-Motors liefert zwischen 3.000 und 5.000 U/min ein maximales Drehmoment von 1.500 Nm und bei 6.400 U/min eine maximale Leistung von 1.200 PS (883 KW).

Der Vitesse legt den Sprint in nur 2,6 Sekunden hin und erreicht eine Höchstgeschwindigkeit von 410 km/h, wobei die Leistung über eine neue Version des 7-Gang-DSG-Doppelkupplungsgetriebes übertragen wird. Die bei Höchstgeschwindigkeit verbrannte Kraftstoffmenge ist so groß, dass die Abwärme des Veyron-Motors im Winter zehn Einfamilienhäuser beheizen könnte.

Die Beschleunigung des Autos auf über 400 km/h erfordert für die Traktion eine ausgewogene Balance zwischen Aerodynamik und Abtrieb; die Mischung aus Fahrwerkseinstellungen und aerodynamischen Eigenschaften sorgt für Stabilität.

Die Abnahme des Daches beeinträchtigt allerdings dieses Gleichgewicht. Deshalb ist die Frontpartie des Grand Sport Vitesse durch größere Lufteinlässe und das Heck durch einen Doppeldiffusor sowie ein zentrales Doppelendrohr gekennzeichnet.

Das demontierte Dach zieht außerdem gewisse Veränderungen der Torsionssteifigkeit nach sich; ein geschlossenes Carbon-Monocoque gewährleistet dagegen eine Steifigkeit von 22.000 Nm/°.

Ein drittes Problem bei der Herstellung eines so schnellen Roadsters sind Reifen- und Windgeräusche, die die Ingenieure dazu veranlassten, einen neuen, abnehmbaren Windschutz zu ergänzen. Damit ist auch mit einer Geschwindigkeit, die in den meisten Ländern illegal ist, eine entspannte Fahrt mit offenem Verdeck möglich.

Dass der Vitesse diese Höchstgeschwindigkeit überhaupt erreichen kann, ist erstaunlich. Dass er es als Roadster kann, macht den für sich schon unglaublichen Veyron noch viel erstaunlicher.

TECHNISCHE DATEN

BAUJAHR	2006–2011	**MOTOR**	8-Liter-W16-Motor, Aluminiumblock und DOHC-Aluminiumventilköpfe mit Quadturbo, Ladeluftkühler und Direkteinspritzung
BREITE	1.998 mm	**GETRIEBE**	7-Gang-Doppelkupplungsgetriebe
HÖHE	1.159 mm	**BESCHLEUNIGUNG 0–100 KM/H**	2,6 Sek.
LÄNGE	4.462 mm	**LEISTUNG**	1.200 PS (883 KW)
MAX. DREHMOMENT	1.500 Nm	**BREMSEN**	Carbon-Keramik-Scheiben, 8 Kolben, 4 Bremssättel vorne; 6 Kolben, 2 Bremssättel hinten
HÖCHSTGESCHWINDIGKEIT	410 km/h		Unabhängige Doppelquerlenker hinten und vorne

press for
Park
D/S
N
R

HENNESSEY VENOM GT

Er ist vielleicht nicht der schnellste zugelassene Serienwagen der Welt, aber der mit der höchsten Beschleunigung: In nur 13,63 Sekunden erreicht er 300 km/h.

Es geht nicht um die inoffizielle Zeit von 14,51 Sekunden für die Beschleunigung auf 320 km/h, mit der er den Koenigsegg Agera R um über drei Sekunden und den Bugatti Veyron um mehr als sieben Sekunden schlägt. Er ist schlichtweg ein schnelles Auto.

Der Venom GT kann auch hinsichtlich seiner Höchstgeschwindigkeit kaum als Enttäuschung bezeichnet werden. Mit knapp 420 km/h gehört er zu den schnellsten Autos der Welt, und Firmengründer John Hennessey behauptet, dass der Venom de facto der schnellste käufliche Serienwagen sei, da für die Rekordfahrten des Bugatti Veyron die Geschwindigkeitsbegrenzung deaktiviert wurde.

Angetrieben von einem 7,8-Liter-V8-Motor mit 1.261 PS (928 KW) und einem Drehmoment von 1.565 Nm, wiegt das zweisitzige Coupé mit Heckantrieb nur 1.244 kg und erreicht damit ein Leistungsgewicht von 1,67 kg/KW.

Der Venom GT basiert auf dem Chassis eines Lotus Exige, an dem zahlreiche Modifikationen vorgenommen und diverse Fahrhilfen zur Verbesserung der Traktion installiert wurden. Die

TEXAS
BDN 8850

programmierbare Traktionskontrolle steuert die Leistungsabgabe, sodass wahlweise 811 PS (597 KW), 1.014 PS (746 KW) oder maximal 1.261 PS (928 KW) zur Verfügung stehen.

Eine aktive Aerodynamik mit verstellbarem Heckflügel gewährleistet bei sehr hohen Geschwindigkeiten einen erhöhten Abtrieb, wobei die Bodenfreiheit durch ein verstellbares Aufhängungssystem je nach Geschwindigkeit und Fahrsituation eingestellt werden kann.

Da Hennessey plant, lediglich 29 Exemplare des Venom GT zu produzieren, aber nur einen pro Jahr zu einem Preis von über 1 Million Dollar anbietet – nicht eingerechnet ist dabei das angeblich von Aerosmith-Frontmann Steven Tyler entworfene Soundsystem –, wird der Venom GT ein sehr begehrter Supersportwagen bleiben.

TECHNISCHE DATEN

BAUJAHR	2012	**MOTOR**	6,2 Liter Chevrolet LS V8 mit zwei kugelgelagerten Turboladern
BREITE	1.960 mm	**GETRIEBE**	Ricardo-6-Gang-Schaltgetriebe
HÖHE	1.079 mm	**BESCHLEUNIGUNG 0–100 KM/H**	2,9 Sek.
LÄNGE	4.655 mm	**LEISTUNG**	1.261 PS (927 KW)
MAX. DREHMOMENT	1.565 Nm	**BREMSEN**	6 Kolben, Carbon-Keramik-Scheiben
HÖCHSTGESCHWINDIGKEIT	418 km/h	**FAHRWERK**	Verstellbares Gewindefahrwerk

KOENIGSEGG AGERA R

Der Agera R, der wie sein Vorgänger – der Koenigsegg CCX – Biokraftstoff verwendet, wurde im März 2011 auf dem Genfer Autosalon als Supersportwagen vorgestellt.

Der Agera R beschleunigt in 2,9 Sekunden auf 100 km/h und erreicht theoretisch eine Höchstgeschwindigkeit von rund 445 km/h, obwohl offiziell nur 418 km/h angegeben sind. Bei Testfahrten gelang es dem Agera R, einen Guinness-Weltrekord als zweisitziger Serienwagen aufzustellen, der in lediglich 21,19 Sekunden auf 300 km/h beschleunigt und wieder in den Stand abbremst.

Der Wagen wird von einem 5,0-Liter-V8-Doppelturbo mit 1.130 PS (831 KW) angetrieben. Um schnellere Schaltvorgänge zu ermöglichen, erfolgt die Kraftübertragung über ein Doppelkupplungsgetriebe.

Der Agera hat eine Karosserie aus vorimprägnierter Carbonfaser und Kevlar mit leichten Verstärkungen, während das Chassis aus Carbonfaser mit Aluminiumwaben gefertigt ist. Er verfügt über geschmiedete Aluminiumräder mit Zentralverschraubung und Michelin-Super-Sportreifen, die sich für seine Spitzengeschwindigkeit eignen. Im Gegensatz zu einigen anderen Wagen seiner Klasse ist eine Traktionskontrolle vorhanden; der aktive Heckspoiler des Agera R reguliert Abtrieb und Aerodynamik.

Manuell einstellbar oder automatisch geregelt drückt der bei hohen Geschwindigkeiten erzeugte Wind den Spoiler nach unten, sodass sich der Luftwiderstand reduziert – das Verfahren ist weitaus simpler als eine herkömmliche Hydraulik und passt sich unmittelbar an Gegen- oder Rückenwind an.

Zu den anderen Highlights gehören auch die Markenzeichen von Koenigsegg, nämlich die sich senkrecht öffnenden Scherentüren und das kundenspezifische Interieur mit einem Ghost-Light-Beleuchtungssystem, das mit Carbon-Nanoröhrchen die Aluminiumtasten des Fahrzeugs erhellt. Koenigsegg behauptet, dass der Agera R mit 120 Litern über den größten Kofferraum seiner Klasse verfügt, in dem auch das Dach verstaut werden kann, wenn er als Cabrio gefahren werden soll.

Mit diesen Accessoires für den Alltag eröffnet der Agera R fast eine gänzlich neue Autoklasse – als Hypercar GT.

TECHNISCHE DATEN

BAUJAHR	2012	**MOTOR**	5,0 Liter V8 mit zwei Turboladern
BREITE	1.996 mm	**GETRIEBE**	7-Gang-Doppelkupplungsgetriebe
HÖHE	1.120 mm	**BESCHLEUNIGUNG 0–100 KM/H**	2,8 Sek.
LÄNGE	4.293 mm	**LEISTUNG**	1.130 PS (831 KW)
MAX. DREHMOMENT	1.200 Nm	**BREMSEN**	392 mm (vorne) und 380 mm (hinten) innenbelüftete, gerillte Keramikscheiben
HÖCHSTGESCHWINDIGKEIT	418 km/h	**FAHRWERK**	Koenigsegg Triplex-Aufhängung

Koenigsegg
TRIPLEX
SUSPENSION

UNSCHLAGBAR
SCHNELL

BUGATTI VEYRON SUPER SPORT

Was wird die Zukunft noch bringen? Wenn es nach Bugatti geht, werden die Autos noch schneller. Der Veyron Super Sport, 2010 präsentiert, wurde dank seiner Höchstgeschwindigkeit von 431,072 km/h sofort zum weltweit schnellsten Serienwagen gekürt.

Obwohl an der Gültigkeit des Anspruchs, schnellstes Auto der Welt zu sein, Zweifel aufkamen, die sich auf die Drosselung des Serienwagens auf lediglich 415 km/h beziehen, hält der Super Sport seit 2013 den Geschwindigkeitsweltrekord im Guinness-Buch.

Dank einer Leistungssteigerung auf 1.204 PS (886 KW), eines Drehmoments von 1.500 Nm und seiner Aerodynamik ist der Grand Tourer in der Lage, in der Spitze 431 km/h zu erreichen, auch wenn ihn die Drosselung einschränkt, um eine Überhitzung der Reifen zu verhindern. Immerhin beschleunigt er in 2,5 Sekunden auf 100 km/h und in 6,7 Sekunden auf 200 km/h.

Weil die schiere Kraft, die für derartige Geschwindigkeiten nötig ist, mit zunehmender Geschwindigkeit exponentiell ansteigt, leert der Super Sport seinen 100-Liter-Tank bei Höchst-

W-718-AX
F
67

geschwindigkeit in acht Minuten – im Gegensatz zu 12 Minuten beim Standard-Veyron.

Der Veyron bringt uns an die Grenzen unseres Verständnisses der Physik – ein Auto, das problemlos zwei Personen Platz bietet und über eine Klimaanlage verfügt, wird auf Geschwindigkeiten beschleunigt, die die eines F1-Rennwagens bei weitem übertreffen.

Daher geht man davon aus, dass Bugatti mit jedem verkauften Veyron Geld verliert, da der immense Aufwand für Forschung und Entwicklung viele Millionen Dollar verschlingt.

30 Exemplare sollen zu einem Preis von jeweils über 2 Millionen Dollar produziert werden. Höchstwahrscheinlich werden Sie nie einen zu Gesicht bekommen. Ist es der beste Supersportwagen der Welt? Vielleicht. Ganz gewiss aber ist der Bugatti Veyron Super Sport der schnellste.

TECHNISCHE DATEN

BAUJAHR	2011	**MOTOR**	8-Liter-W16-Motor, Aluminiumblock und DOHC-Aluminiumventilköpfe mit Quadturbo und Direkteinspritzung
BREITE	1.998 mm	**GETRIEBE**	7-Gang-Doppelkupplungsgetriebe
HÖHE	1.159 mm	**BESCHLEUNIGUNG 0–100 KM/H**	2,5 Sek.
LÄNGE	4.462 mm	**LEISTUNG**	1.204 PS (886 KW)
MAX. DREHMOMENT	1.500 Nm	**BREMSEN**	Carbon-Keramik-Scheiben, 8 Kolben, 4 Bremssättel vorne; 6 Kolben, 2 Bremssättel hinten
HÖCHSTGESCHWINDIGKEIT	430 km/h	**FAHRWERK**	Unabhängige Doppelquerlenker hinten und vorne

SUPERSPORTWAGEN

INDEX

RX61 HRJ

BILDNACHWEIS

Alle Abbildungen Copyright © Evo Mawhing Ltd.